航天

第2版

金邦领　金荣励　主编

科学出版社
北京

图书在版编目(CIP)数据

航天/金邦领,金荣励主编. —2版. —北京:科学出版社,2014

ISBN 978-7-03-040133-5

Ⅰ.①航… Ⅱ.①金…②金 Ⅲ.①航天－青年读物②航天－少年读物
Ⅳ.①V-49

中国版本图书馆CIP数据核字(2014)第045443号

责任编辑:石 卉/责任校对:刘亚琦
责任印制:徐晓晨 /整体设计:北京美光设计制版有限公司

科学出版社 出版
北京东黄城根北街 16 号
邮政编码:100717
http://www.sciencep.com

北京虎彩文化传播有限公司 印刷

科学出版社发行 各地新华书店经销

*

2008年1月第 一 版 开本:720×1000 1/16
2014年8月第 二 版 印张:7 1/4
2021年7月第三次印刷 字数:142 000

定价:38.00元
(如有印装质量问题,我社负责调换)

序言 FORWORD

　　岁末，收到了安阳实验中学寄来的《航天（第二版）》定稿，校方希望我为该书做一个序。因一直忙于事务性工作，无暇拜读。直至年初，才得以细读。读罢，甚为赞叹。

　　安阳实验中学位于浙江东南沿海历史文化名城、温州大都市区南翼中心城市——瑞安。这里山川秀美，人杰地灵，素有"东南小邹鲁"之称。安阳实验中学是一所创建于2001年的年轻学校，创办十余年来，学校得到了跨越式发展，学校的教育教学质量、办学特色、办学实绩得到了社会的高度赞誉。最早与安阳实验中学结缘是在2006年，时任校长黄发彩先生与学校其他领导就创建全国航天科技特色学校事宜到北京征求航天科技部门的领导与专家的意见。当时我们为他们的真诚和他们的设想所感动。同时，我们觉得在青少年中普及航天知识、传播航天人的精神是我们这代科学家应尽的义务与责任。于是，大家欣然应从，积极支持该校创建全国航天科技特色学校。

　　八年来，该校的创建活动有序推进。2006年3月，创建全国航天科技特色学校启动仪式隆重举行；2008年，由科学出版社出版的校本教材《航天》在学校首发；2009年，校内建造了学生太空育种基地；2011年，中国航天科技集团公司航天育种研究中心授予该校为国内第一所中学生"航天育种科普实践基地"；2012年6月，学校举办了"钱学森与中国航天图片展暨我与科学家面对面"活动并邀请钱学森之子钱永刚教授讲座；2013年，学校设立了全国首个初中学校的"院士工作站"。

　　为打造好科技特色的校园文化，进一步推进特色学校的建设，近年来，该校开设了航天科技课，并组织编写了《航天》作为学校的特色教材，让学生们通过学习，了解航天知识，以及世界航天科技的发展和中国航天事业的伟大成就，认识航天科技对于推动经济建设、社会进步和国防现代化的重要作用。

　　航天科技发展日新月异，为了能适时反映这种变化，校方对《航天》一书进行了修订，在内容上进行了补充、更新，使《航天（第二版）》更严谨、更科学、更完整、更具时代性、更有可读性。《航天（第二版）》是我所知国内唯一一本比较全面介绍航天科技发展的科普校本教材。该书文字浅显、图片精美、排版精致……从中可以感受到编委们的辛劳与精心。我相信，《航天（第二版）》必能带领学生走进一个全新的知识领域；必能指导学生积极开展普及航天知识的活动，为学校的素质教育创造一个良好的平台；必能进一步促进学校的特色教育，提高学校的教育水平。

航天是一门很深奥的科学，学校开展航天活动，在培养学生热爱航天事业的同时，也培养了学生对待科学的认真态度。航天科技特色文化既是一种教育精神，又是一种教育激情。这种精神拓宽着教育的内涵，这种激情震撼着每一位师生的心灵。这种隐性的文化力量，能激励学校形成强大的教育发展内驱力，能引导着学校在素质教育实践中不断创新、不断提升。

最后我祝愿，我也坚信，安阳实验中学在全国航天科技特色学校的创建之路上一定会越走越远。

中国科学院院士

2014年2月20日

目录 CONTENTS

后记

太阳系

银河系

1 太空

空间环境和资源

20世纪50年代中期，人类开始越过陆地、海洋、大气层空间进入太空活动，并称之为宇宙航行。宇宙航行简称宇航，划分为两个阶段：第一阶段称为航天，指到地球大气层以外、太阳系以内的航行活动；第二阶段称为航宇，指冲出太阳系，到银河系及河外星系的空间进行航行活动。航天也是相对于航空而言的，即航空指在大气层空间的飞行，航天则指在大气层以外的空间航行。

人们把浩瀚无垠的宇宙空间称为太空。1981年召开的国际宇航联合会第32届大会上把太空定为人类的第四环境。太空，是人类的第四活动领域。人类进入太空活动是为了认识、开发和利用太空，因为太空中蕴藏着各种各样取之不尽的丰富资源，可供人类探索和享用，甚至将来还可以在太空建设供人类栖身的家园。

目前，人类的太空活动尚处于航天阶段，所以科学家把在太空活动的人造卫星、飞船、航天飞机、空间站、空间探测器等统称为航天器，把进入太空飞行和工作的人称为航天员。由于航天是宇宙航行的一部分，所以载人飞船和货运飞船通常也叫宇宙飞船，航天员也泛称宇航员。

　　成绩归于党，归于集体，我作为一名中国的科技工作者，活着的目的就是为人民服务。如果人民最后对我一生所做的工作表示满意的话，那才是最高的奖赏。

——钱学森

钱学森 国家杰出贡献科学家

　　钱学森是世界著名的航天科学家，中国航天技术的开创者和奠基人。他最早科学地把人类离开地面的飞行分作三个层次：第一个层次是在大气层空间的飞行，称航空；第二个层次是在太阳系空间的飞行，称航天；第三个层次是到太阳系外的飞行，称航宇。后两个层次又统称为宇航。

世界著名科学家
钱学森

钱学森回国

钱学森是浙江省杭州人，1911年12月11日生于上海。中国科学院、中国工程院院士。1934年上海交通大学毕业后赴美留学，先后获麻省理工学院航空工程硕士学位和加州理工学院航空、数学博士学位。他在空气动力学和喷气推进科学领域取得重大研究成果，奠定了火箭研制的基础。1955年，在周恩来总理的精心安排下，经过艰苦斗争，钱学森冲破美国当局的迫害和阻挠，回到祖国，投身到新兴的航天事业的创建和发展。他先后担任中国科学院力学研究所所长、国防部第五研究院院长、第七机械工业部副部长、国防科委副主任兼中国空间技术研究院院长、国防科工委科学技术委员会副主任等职务，率领科技人员攻克了"两弹一星"技术难关，为独立发展航天事业奠定了坚实的基础。1991年10月，国务院、中央军委授予他"国家杰出贡献科学家"荣誉称号和"一级英雄模范奖章"。1999年9月，中共中央、国务院、中央军委授予他"两弹一星功勋奖章"。2009年9月被评为"100位新中国成立以来感动中国人物"。2009年10月31日逝世，享年98岁。

空间环境

人类航天活动的空间环境，从太阳表面开始，包括行星及行星际空间、地球磁场、电离层及部分大气层。

大气层空间环境

地球大气层是航空活动的范围，也是航天活动必经的空间环境。

地球大气层指距地面120千米之内的空间，通常把120千米以外的空间叫外层空间。地球大气层环境按大气温度随高度的分布和其他物理特性，可划分为对流层、平流层、中间层、热层和散逸层。

对流层是地球大气层中最低的一层，一般在10千米以下的空间。这里集中了全部大气3/4的质量和几乎全部的水汽，天气变化最复杂，如雷暴、浓雾、雨雪、大气湍流、切变风等重要天气现象都出现在这一层，这些天气现象对火箭发射、升空飞行都会有很大影响。

另外，在50千米以上、几千千米以下的空间，在太阳紫外线、X射线、微粒辐射和宇宙射线的作用下，高层大气经常处于电离状态，这个区域称为电离层。电离层的结构及其变化会对航天器的无线电通信产生不利影响。

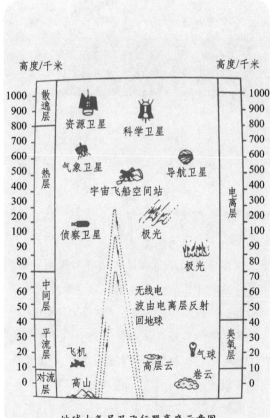

地球大气层及飞行器高度示意图

地球磁层示意图

地球行星空间和行星际空间环境

地球大气层以外地球周围的空间，叫地球行星空间。太阳系各行星之间的空间，叫行星际空间。在这样的空间环境，除高真空、超低温和微流星体外，还有太阳电磁辐射、太阳宇宙线和太阳风等。地球磁场的磁层俘获太阳发出的高能粒子形成地球辐射带，太阳产生耀斑时由高速太阳风引起磁暴和强烈的X射线。这些现象都会对航天活动产生很大的影响。

太阳环境

太阳是个炽热的火球，它的大气由里往外分为光球层、色球层和日冕层。

光球层上有一种气体活动现象，导致温度较低的暗淡"黑子"成群出现，其数量不稳定，会向外喷射高能粒子，剧烈时能引起地球磁场爆发、电离层扰动和气候变化。色球层会发生"耀斑爆发"，产生大量的紫外线、X射线、γ射线和高能带电粒

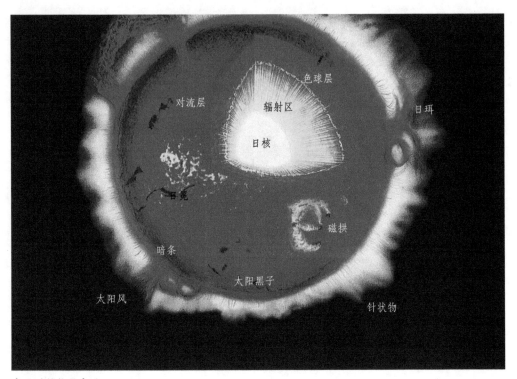

太阳的结构示意图

子。日冕层的冕洞不断向外喷射高温磁化的粒子,这些带电粒子形成强劲的气流即很强的太阳风。所有这些强辐射的高能粒子流对航天器和航天员都会造成不利影响。

太阳系行星和卫星等天体环境

太阳系有八大行星,由里到外依次为水星、金星、地球、火星、木星、土星、天王星和海王星,它们都在各自的轨道上环绕太阳运行。围绕行星运行的天体称卫星,月球是地球唯一的天然卫星;除水星、金星没有卫星外,其他行星都有卫星,有的甚至有20多颗卫星。除行星和卫星外,太阳系还有许多小行星和彗星。这些天体不仅是航天器造访的对象,而且因为它们的环境各不相同,对航天器的探测飞行都有不同的影响。

太阳系行星及卫星

查找资料，简述人类认识太阳系行星的主要历程，从中你得到什么启示?

太空飞行环境

太空飞行环境包括空间的自然环境和诱导环境。

自然环境就是上述几种空间环境，包括高真空、低温、电磁辐射、宇宙线、高能粒子流、等离子体流、微流星体、行星磁场、太阳风、大气和重力等。诱导环境指航天器某些系统工作及其在空间因素作用下造成的环境，如火箭发动机工作产生高温、

航天器作轨道飞行时会产生失重环境

强振，一些仪器设备工作产生电磁场等，特别是航天器作轨道飞行时会产生失重或微重力环境，这种失重环境会造成与在地球上完全不一样的物理特性变化，是影响太空飞行最特殊的环境。

航天员在航天飞机上工作

空间资源

　　人类从事航天活动的目的在于探索、开发和利用空间资源，为满足人类社会生产、生活的需求服务。

千姿百态的卫星

高远位置资源

　　航天器在相对于地表的高远位置，是空间轨道上的一种具有巨大价值的资源，也称轨道资源。航天器达到外层空间的高远位置，最低点一般也高于200千米，其可观测的地域之广、时间之长，都是在空中飞行的飞机或气球所望尘莫及的。航天器利用高远位置，对地球及其大气层的观测以及通信、导航具有广阔面积的覆盖。

微重力资源

　　航天器利用太空的微重力环境，可以获得地球上难以制取的纯净材料，可以提炼对生物工程起重要作用的高纯度微生物，可以生长出高质量的单晶、多元晶和半导体，可以制造出性能优良的玻璃和合金，可以生产治疗疑难疾病的优良药物等。

在太空生长的胰岛素结晶（下）
比在地球生长的胰岛素结晶
（上）品质高

高真空和超洁净资源

太空的高真空和超洁净环境，是高纯度和高质量冶炼、焊接和分离提纯的理想条件，可以制造出在地球上难以得到的高级材料和特殊产品。由于没有大气对光线和各种辐射的吸收、反射、折射和散射作用，航天器上也是进行天文观测的最佳场所。

在太空制造地球上难以得到的高级材料和特殊产品

辐射资源

在太空，宇宙辐射强度要比在地面大得多，而且是全谱段的辐射。辐射对太空育种有重要作用，经过太空辐射的作物或植物种子，有可能会发生变异，从而培育出优质、高产与抗病作物和植物。

麦子对比（右为太空品种）。太空一号小麦已在黄河中下游流域大面积试种

高、低温和大温差资源

在空间环境中，被太阳直射的物体表面可达100℃以上的高温，而背阳面则可达到−100℃以下的低温，两者之间形成很大的温差。这种高、低温和温差大的环境，对一些特殊工业材料的工艺和制备会有很大帮助。

太阳能资源

在太空，可利用的太阳能十分丰足。太空中没有大气对太阳光的反射和吸收，也不受天气、尘埃和有害气体的影响，因而太阳照射的损失很小，太阳能的利用率高，可以建造大型的太阳能发电站。

月球资源

通过对月球的探测和初步考察，证实月球上拥有许多可供人类享用的物质资源。月岩中含有60多种矿物，其中6种在地球上没有；月面尘埃中含有大量的氦-3，这是一种清洁的核聚变原料；月球土壤中含有40%的氧，可用于解决航天活动所需的氧化剂；特别是发现月球南北极存在大量的水冰，展现出广阔的开发前景。此外，月球的引力小，有一个真空、无菌的环境，是进行材料生产和生命科学研究的良好场所；月球无大气包围，背面不受地球无线电干扰，是进行天文观测和天文物理实验的理想基地；月面低重力、无大气，易于发射航天器，可作为人类飞往其他星球的中转站等。

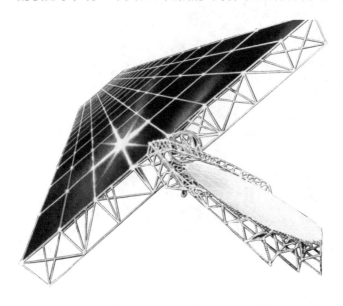

太阳能电站

月球基地

开发月球

小行星上的资源

太空中的一些小行星，含有极为丰富的铁、镍、铜等金属，有的还含有铂族贵金属和宝贵的稀土元素。这些都是可供人类开发利用的物质资源。

火星资源

火星有许多与地球相似的特征。它是类地行星，有两极，有固体表面，有沙丘和干涸的河床，有大峡谷和火山，有稀薄的大气，有四季交替的气候，曾经有过大量的液态水。火星上蕴藏有赤铁矿，土壤富含磷、钾、钙、镁、硫和其他微量元素，还有极为丰富的风能、地热能及可利用的太阳能。火星是太阳系中除地球以外最适宜生命存在的星球，因此可期望在火星上创建人类的第二家园。

你了解多少？

人类探索、开发、利用空间资源，已步入实践阶段，如利用太空辐射已经培育出优质高产和抗病作物，如南瓜、玉米等。请你收集这样的例子，并在课堂上作介绍与交流。

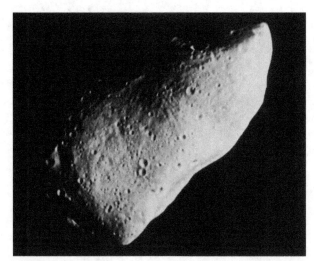

特洛伊群小行星

在小行星上探宝

建设火星基地

开发火星

长征三号甲运载火箭起飞

2 航天工具

运载火箭

人类要开发利用丰富的空间资源，必须掌握摆脱地球引力束缚的技术手段，把航天器送入太空预定轨道或预定空间目标，以实现航天飞行。

俄国宇航理论的奠基人齐奥尔科夫斯基曾预言，火箭能在真空环境中工作，因而只有火箭才是实现宇宙航行最理想的交通工具。实践表明，运载火箭是开展航天活动必须具备的先决条件。

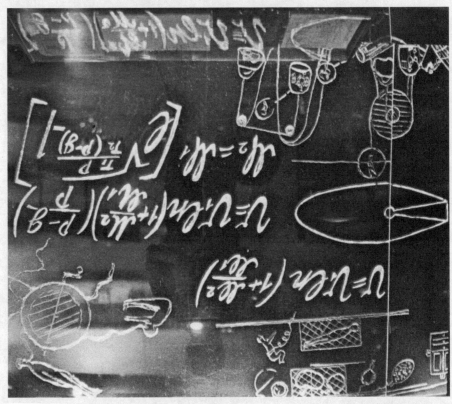

齐奥尔科夫斯基推导的火箭运动速度的基本公式

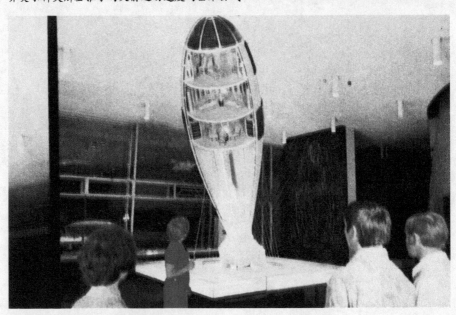

按齐奥尔科夫斯基设计思想制造的火箭模型

齐奥尔科夫斯基

　　齐奥尔科夫斯基，俄国科学家，航天理论的开创者。1857年9月17日诞生在梁赞州的伊热夫斯基镇。8岁失聪，靠勤奋自学成才。1879年任中学教员，并致力于研究宇航学说。1896年研究喷气飞行器的运动原理，提出远程火箭和行星际火箭示意图。1897年制造出第一个工作段开式风洞，研究了风洞实验方法。1903年发表《借助喷气装置探索宇宙空间》著作，首次论证了将火箭用于星际航行的现实可能性，推导出火箭飞行的数学公式即著名的齐奥尔科夫斯基公式，奠定了火箭和液体火箭发动机的理论基础。1911年完成《火箭与太空探索》论著，描绘了宇宙飞船的发射和飞行，人在太空中的失重效应等问题。1926年提出多级火箭理论，论证了多级火箭能够达到宇宙速度，实现宇宙航行。齐奥尔科夫斯基还第一个研究了从火箭到人造地球卫星问题、关于建立近地空间站和星际航行的中间基地问题、在长时间宇宙飞行中的医学生物学问题，在火箭技术和宇航理论领域做出了开创性的贡献。1933年，齐奥尔科夫斯基向公众发表演讲说："我始终都坚定地认为，在可预见的将来，人类将可能飞向火星。尽管时代在变，但星际航行的理想总要继续下去。今天我确信，你们之中将有人到星际中航行。"1935年9月19日，齐奥尔科夫斯基在卡卢加镇病逝。

齐奥尔科夫斯基

火箭与宇宙速度

　　航天的最大困难是要赋予航天器巨大的能量，以达到能够克服地球引力的速度。

　　根据计算，航天器环绕地球运行的速度为7.9千米/秒，称为第一宇宙速度，或称"环绕速度"；航天器脱离地球引力束缚而绕太阳运行的速度为11.2千米/秒，称为第二宇宙速度，或称"逃逸速度"；航天器脱离太阳引力飞出太阳系的速度达到16.7千米/秒，称为第三宇宙速度。

　　齐奥尔科夫斯基最早提出利用火箭可以达到宇宙速度，而且推导出火箭在重力场运动所能达到的最大速度公式。这个公式奠定了航天技术的基础。

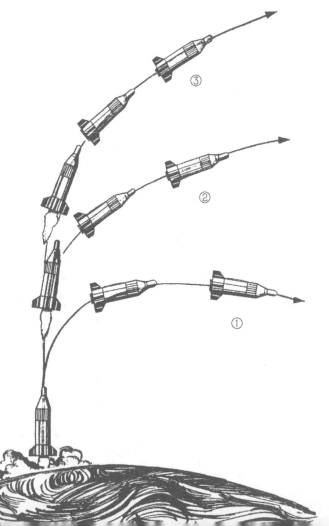

三个宇宙速度

①第一宇宙速度，7.9千米/秒；
②第二宇宙速度，11.2千米/秒；
③第三宇宙速度，16.7千米/秒

运载火箭的组成

运载火箭，一般指一次使用的多级火箭。多级火箭是由几个子级火箭经串联或并联组合而成的飞行整体。串联式多级火箭的各子级依次轴向配置，并依次相继点火工作；并联式多级火箭又称捆绑式火箭，中间一枚较大火箭叫做芯级，在它周围配置多枚较小的火箭，通常称为助推火箭或助推器，其各子级之间横向连接，发射时各子级的发动机同时点火工作。为了提高多级火箭的运载能力，还有串联和并联同时使用的组合式运载火箭。

运载火箭通常由箭体结构、推进系统、制导系统、安全系统、遥测系统、外弹道测量系统等组成，前三部分在火箭本体上，后三部分则在箭上和地面分系统。

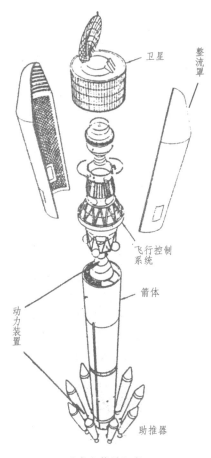

现代火箭的组成

运载火箭的组成

	名 称	功 能
火箭本体	箭体结构	
	推进系统	
	制导系统	
箭上和地面分系统	安全系统	
	遥测系统	
	外弹道测量系统	

火箭的动力装置

  火箭获得宇宙速度，要靠推进系统，即动力装置。火箭的动力装置是指火箭上产生飞行动力和其他辅助动力的设备，主要包括火箭发动机和推进剂输送系统，或者直接统称为火箭发动机。

  火箭发动机是指自带推进剂，不依赖外界空气的喷气发动机。它自带燃料（又称燃烧剂）和氧化剂（两者合称推进剂），通过推进剂在发动机燃烧室中燃烧，形成高温高压燃气，从喷管中膨胀高速喷出而产生反作用力，推动火箭向前飞行。火箭发动机的最大特点就是在没有空气的宇宙空间也能工作。

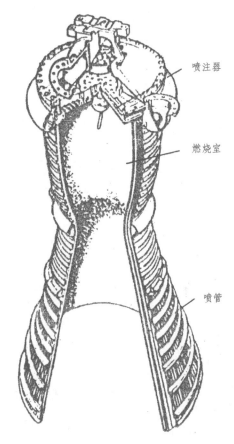

喷注器

燃烧室

喷管

液体火箭发动机推力室

固体火箭发动机

液体火箭发动机

火箭发动机的组成

　　液体火箭发动机由推力室、推进剂供应系统和发动机控制系统组成。

　　固体火箭发动机由燃烧室、喷管和点火装置等组成。

　　液体和固体火箭发动机各有优缺点。液体发动机的效能高，工作时间长，可以多次启动，推力大小和方向调节控制简单，但结构复杂，推进剂不能长期储存；固体发动机效能较低，工作时间短，不能多次启动，推力大小和方向调节控制较难，但结构简单，工作可靠，推进剂可长期储存，操作方便。

戈达德和他研制的世界上第一枚液体火箭

戈达德 航天技术开创者之一

　　戈达德，美国火箭专家。1882年10月5日诞生在马萨诸塞州伍斯特。1908年毕业于伍斯特理工学院。1911年在克拉克大学获物理学博士学位。1914年开始火箭理论研究和试验。1919年发表著作《到达极大高度的方法》，阐明了火箭运动的基本数学原理，论证了用火箭把载荷送上月球的方案。1926年研制世界上第一枚液体火箭并试飞成功。1929年领导修建罗斯维尔火箭试验场。1932年首次试验用陀螺控制的燃气舵操纵火箭的飞行，1935年试验火箭以超音速飞行。1936年出版著作《液体推进剂火箭的发展》。1942～1945年任美国海军航空研究局局长，继续主持液体火箭研制，在火箭技术领域共取得212项专利，对美国液体火箭技术的发展起到了先导作用。戈达德于1945年8月10日在马里兰州巴尔的摩病逝。

奥伯特 航天技术开创者之一

　　奥伯特，德国火箭专家。1894年6月25日出生于罗马尼亚的赫尔曼施塔特。1913年进入慕尼黑大学，第一次世界大战期间应征入伍。1919年重回学校，先后转学到哥廷根大学和海德堡大学研究宇航基础理论。1922年提出空间火箭点火的理论公式和脱离地球引力的方法。1923年发表《飞向星际空间的火箭》论文，提出了火箭构造和高空火箭的新设想。1927年发起并成立宇宙航行协会，团结一批火箭研究的爱好者，致力于发展火箭事业。1930年领导研制成功小型火箭。他对宇航理论的建立做出贡献，对德国火箭的发展有重大影响。第二次世界大战后，先后在意大利和美国从事火箭研制工作。1958年退休回到德国，1989年12月28日病逝。

奥伯特（从火箭模型右边起第二人）和同事们在研究有关火箭的技术问题

火箭的制导系统

火箭的制导系统包括导航、姿态控制、电源配电和测试发控系统。前三种系统安装在火箭上，统称火箭飞行控制系统；后一种系统安装在地面。

导航系统，用于控制火箭发动机准时点火、关机和火箭各级之间的分离，使火箭按照预定的路线飞行。

姿态控制系统，用于矫正火箭在飞行过程中的俯仰、偏航和滚动误差，保持火箭正确的飞行姿态。

电源配电系统，用于给制导系统的仪器设备供电配电，按火箭飞行的先后工作程序发出时间顺序的指令，控制火箭工作状态的变化。

测试发控系统，用于在发射前通过箭地通信，对火箭控制系统的各种性能数据、箭体和发动机系统的电气部分进行检查测试，也可将飞行参数向箭上设备装订；发射时对火箭实施发射控制。

火箭的箭体结构

火箭的箭体结构即火箭壳体，或称结构系统。它的作用是安装有效载荷、飞行控制系统、动力装置，并使之连接成一个整体。通常是做成流线型的光滑外壳，使火箭具有良好的空气动力外形和飞行性能。火箭存放时，结构系统支承着各部分的重力；火箭发射时，结构系统支承着竖立在发射台上包括推进剂在内的整个火箭的质量；在地面操作、运输和飞行过程中，结构系统还承受着内部的和外部的各种力量，保护箭体内部的各种仪器设备，并为它们创造良好的工作环境。

实践活动
1. 观察"长征"系列火箭模型，了解箭体结构。
2. 组织一次火箭模型发射比赛。

液体火箭的箭体结构，主要包括有效载荷舱、整流罩、仪器舱、氧化剂贮箱、燃料贮箱、级间段、发动机推力结构、尾舱和分离机构等。

固体火箭的箭体结构，大部分由发动机的外壳构成，结构比较简单，但在结构原理和作用上与液体火箭的箭体结构基本相同。

小资料

运载火箭的组成除箭体结构、推进系统、制导系统外，还包括安全系统、遥测系统、外弹道测量系统等。

安全系统，是在火箭飞行中出现故障或落点出现偏差而危及地面安全时，对火箭实施控制，终止火箭的动力飞行并将其在空中炸毁的系统。

遥测系统，是把火箭飞行过程中各个系统的工作性能参数、各个部位环境条件参数及飞行故障参数，通过无线电多路通信方式传到地面，为鉴定和改进火箭及分析故障提供依据的工作系统。

外弹道测量系统，是对飞行中的火箭进行不间断的观测，以测定它的运动参数的测量工具，主要有雷达应答机、天线等。

此外，发射运送载人飞船的运载火箭还有应急逃逸等系统。

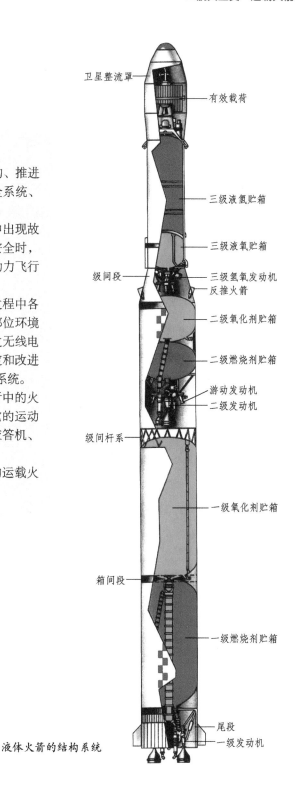

卫星整流罩
有效载荷
三级液氢贮箱
三级液氧贮箱
级间段
三级氢氧发动机
反推火箭
二级氧化剂贮箱
二级燃烧剂贮箱
游动发动机
二级发动机
级间杆系
一级氧化剂贮箱
箱间段
一级燃烧剂贮箱
尾段
一级发动机

液体火箭的结构系统

运载火箭的研制试验

火箭研制包括设计和制造，一般要经过论证、方案和工程研制三个阶段。

第一阶段即论证阶段，包括技术指标论证和技术方案可行性论证。

技术指标论证，是根据航天任务的需要和实际条件，提出火箭的技术性能指标，包括火箭能把多重的航天器送入什么样的轨道，实际轨道和预定轨道允许的误差是多少，火箭发射的可靠性要求，能适应几种质量和几种外形尺寸的航天器发射等。

技术方案可行性论证，是提出火箭的具体技术性能指标和总体方案、研制周期、研制经费、分工协作等方面的意见。

第二阶段即方案阶段，包括整体方案论证、方案设计和模样火箭制造。

方案论证，是根据总体方案提出几个技术方案，选出一个最佳的或者把几个方案的优点集中起来，最后对控制系统、动力系统和结构系统等提出第一轮设计要求。

方案设计，是进一步确定火箭的总体设计方案，如选定火箭的级数、结构形式、推进剂、发动机、火箭各级的分离和航天器与火箭分离的方式等，并展开分析、计算和设计工作。

模样火箭制造，是解决关键技术问题，验证技术方案，确定火箭的性能参数。

在总装车间

技术人员正在对运载火箭进行测试

第三阶段即工程研制阶段，包括初样研制、试样研制和研制性飞行试验。

初样研制，是通过地面试验，进一步改进各分系统的设计和工艺；再次对火箭的总体设计进行分析计算。

试样研制，是设计单位开始设计和生产、试验。

研制性飞行试验，是在靶场对生产出来的试样进行飞行试验，检验火箭的总体方案是否正确合理。

火箭在技术厂房

链接

　　火箭的研制试验是一个庞大的系统工程。一枚火箭由几十万甚至上百万个元器件和零部件组成，只要有一个元器件或零部件不可靠，就有可能造成整枚火箭发射失败。为了保证火箭可靠，必须在研制中科学安排，采取安全措施，进行各种地面试验，不带任何疑点和隐患上天飞行。

运载火箭的发射

运载火箭发射，是指携带航天器从起飞、加速，直至进入预定轨道的全过程。大多数运载火箭是从陆地上的固定发射台上发射的，也有的从海上平台发射，还有少数由飞机带到空中发射。此外，从航天飞机、空间站和空间平台上也可用运载火箭发射航天器。

发射窗口和发射条件

运载火箭发射航天器允许的时间范围叫发射窗口。年计发射窗口，是在规定的年份内连续的几个月中可以发射；月计发射窗口，是在规定的某月内连续的几天中可以发射；日计发射窗口，是规定在某一天内某一时刻范围内可以发射。

发射窗口的选择，由运载火箭发射条件的要求、测控系统对发射时段的要求、航天器入轨和工作条件对发射时段的要求、通信和时间统一系统对发射时段的要求、气象条件对发射时段的限制等因素来确定。航天器的最终发射时刻，要由日计发射窗口来确定。

运载火箭的发射还要考虑发射的条件。为了保证发射成功，应让所有参与发射的

一二级分离

助推器分离

程序转弯

起飞

设备和设施都处于最佳状态。通常规定的最终发射条件，由发射控制系统、地面测控系统、通信与时间统一系统、气象保证系统等的情况来确定几个预选方案，最后由发射指挥员现场处理。

发射程序和飞行轨道

　　发射程序主要包括发射设备准备，运载火箭起竖和航天器安装、火箭垂直度调整和方向瞄准、全箭检查和测试、加注推进剂、安装操作螺栓等火工品，启动发动机，火箭起飞，火箭沿预定轨道飞行。

　　航天运载火箭的飞行轨道，分为垂直起飞段、程序转弯段、入轨段。各种运载火箭的前两段大同小异，而后一种入轨段则有不同，一般有直接入轨、滑行入轨和过渡转移入轨三种方式。其中，过渡转移入轨指运载火箭先进入近地小椭圆轨道（称停泊轨道）绕地球运行，然后火箭运行到与赤道平面相交时把航天器送到赤道上空约36000千米、近地点约400千米的大椭圆转移轨道（称过渡轨道），最后星箭分离，航天器在过渡轨道上运行，并进入高度约36000千米的圆轨道，又称准静止轨道，经微调漂移到赤道上空预定的地球静止轨道上定点运行。地球静止轨道卫星及星际探测器都选择过渡转移入轨。

1997年10月17日中国长征三号乙火箭发射亚太2号R通信卫星飞行程序图

运载火箭发射场

运载火箭发射航天器的地方叫航天发射场，或叫卫星发射中心、航天港。世界著名的航天发射场，有中国的酒泉卫星发射中心、西昌卫星发射中心、太原卫星发射中心，美国的肯尼迪航天中心、爱德华兹空军基地、沃洛普斯发射场，俄罗斯的拜科努尔发射中心（在哈萨克斯坦境内）、普列谢茨克发射场、卡普斯丁亚尔发射场，欧空局的库鲁航天中心（在南美的圭亚那），日本的鹿儿岛发射场、种子岛发射场，意大利的圣马科发射场，印度的斯里哈里科塔发射场，澳大利亚的伍麦拉发射场等。中国正在海南岛的文昌建设一座新的航天发射中心。

火箭发射场一般由技术区（又称技术阵地、测试阵地）、发射区（又称发射阵地）、指挥控制中心和生活区组成。此外，还有气象站、跟踪测量系统、后勤保障和安全警戒部门。

做一做，想一想

在地图上标出我国卫星发射三大基地，并结合相关知识说明我国在西昌设立卫星发射中心的原因。

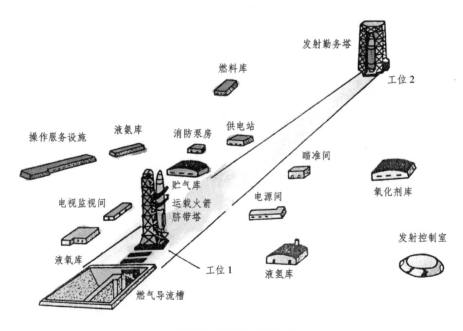

发射场发射区的典型组成

酒泉卫星发射中心

西昌卫星发射中心

太原卫星发射中心

任新民 中国航天技术开创者之一

1970年五一国际劳动节晚，在天安门城楼上，周恩来总理在向毛泽东主席介绍发射我国第一颗人造卫星的功臣代表时，指着任新民说：他就是为我们放卫星的人。毛主席赞叹道：了不起啊，了不起！

任新民是著名的火箭技术专家，我国航天事业的开创者之一，1999年荣获"两弹一星功勋奖章"。

任新民1915年出生于安徽省宁国县。1945年赴美国密歇根大学深造，先后获机械工程硕士和工程力学博士学位。1949年回国，1952年后在哈尔滨军事工程学院火箭专业任教授，1956年调国防部第五研究院筹建火箭研究机构，领导火箭发动机的研制。曾任国防部五院一分院副院长、七机部副部长、航天工业部科技委主任等职。1980年当选为中国科学院学部委员（院士）。

1965年担任第一颗卫星运载火箭长征一号总设计师，1970年第一颗卫星发射成功。1975年参与组织领导长征二号运载火箭的研制、生产和飞行试验。1979年被任命为卫星通信工程总设计师，领导研制成功液氢液氧发动机，保证我国静止轨道通信卫星发射成功。1986年后，被任命为东方红二号甲实用卫星通信工程、风云一号气象卫星工程、新型返回式卫星工程、发射外国卫星工程等的总设计师，相继领导完成这些卫星的研制和发射任务。

中国科学院院士任新民（右）

中国科学院院士屠守锷

屠守锷 中国航天技术开创者之一

屠守锷，中国科学院院士，中国航天事业开创者之一，液体火箭的奠基人之一。1965年担任远程运载火箭总设计师，1971年主持研制的远程运载火箭试验飞行取得基本成功，1980年远程运载火箭全程飞行试验获得圆满成功。1999年荣获"两弹一星功勋奖章"。

屠守锷1917年出生于浙江省湖州。1940年清华大学航空系毕业后，赴美国麻省理工学院研究生院攻读航空工程，取得科学硕士学位。1945年回国成为清华大学教授。1957年调入国防部五院，并作为聂荣臻率领的中国政府代表团的技术顾问赴苏联谈判，争取到苏联援助P-2火箭，开展仿制工作。1961年他担任国防部五院一分院副院长，并任中近程火箭副总设计师，1964年中近程火箭研制发射成功，使我国的火箭事业走上独立研制发展的道路。1980年他参与组织领导远程运载火箭的研制发射，实现了中国火箭飞向太平洋的目标。屠守锷担任过航天工业部总工程师、长征二号运载火箭总设计师、长征二号E大推力运载火箭技术总顾问等职。2012年12月15日逝世，享年95岁。

中国航天科技的发展

中国于1956年10月成立国防部第五研究院，在钱学森的率领下，开始研制火箭导弹，创建了中国的航天事业。

1970年4月24日，中国第一枚运载火箭长征一号成功发射，掀开了中国航天事业的新纪元。中国航天科技从无到有，从小到大，从弱到强，在进入空间能力、空间应用能力、载人航天能力、深空探测能力等领域，都有重大突破和跨越发展，已跻身于先进国家行列，在世界上占有一席之地。

中国在导弹技术和探空火箭技术基础上研制成功的运载火箭，具备了进入空间的能力，为开展航天活动奠定了的坚实基础。

中国自主研制的长征运载火箭已有4个系列14种型号，覆盖了近地轨道、太阳同步轨道、地球同步转移轨道、地月转移轨道等，近地轨道运载能力达到9500千克，太阳同步轨道运载能力达到6100千克，地球同步转移轨道运载能力达到5100千克，火箭总体性能及一箭多星技术、低温高能发动机技术、火箭捆绑技术、火箭故障检测技术等达到国际先进水平。同时，从1990年起，我国长征系列运载火箭开始承揽美国等国的卫星发射业务，进入了国际卫星发射服务市场。

从1970年4月到2013年12月，长征系列运载火箭已有188次发射记录。此外，还有一种风暴一号运载火箭进行过5次成功飞行。

（1）长征一号运载火箭。火箭全长29.46米，最大直径2.25米，起飞质量81.5吨，起飞推力1040千牛，近地轨道运载能力300千克。它采用东风四号中远程导弹改装，再加上一个第三级固体火箭，形成三级的运载火箭。仅发射过两次，均获成功，现已退役。

（2）长征二号系列运载火箭。共有6个型号，通常用于在酒泉卫星发射中心发射近地轨道或过渡轨道的航天器。

长征二号。它是由东风五号远程导弹改装

长征一号运载火箭

的两级液体运载火箭。火箭全长32米，最大直径3.35米，起飞质量190吨，起飞推力2786千牛，能把1800千克的航天器送入近地轨道。共发射4次，其中3次成功，现已退役。

长征二号丙。用长征二号改进，提高运载能力，火箭全长40米，最大直径3.35米，近地轨道运载能力为2.5吨。已发射26次，均获成功。

长征二号丁。火箭全长38.3米，近地轨道运载能力达3.3吨。已发射20次，均获成功。

长征二号丙火箭

长征二号E。我国第一种捆绑式火箭，以长征二号丙火箭为基础加长，并在四周捆绑4个液体火箭助推器。火箭全长51.2米，起飞质量462吨，可把9.2吨的有效载荷送上200千米高的圆轨道，一般用于在西昌卫星发射中心发射地球同步转移轨道卫星。已发射8次，其中5次成功，现已退役。

长征二号丙改进型。在长征二号丙火箭的基础上加一个采用固体发动机的上面级或分配器，全长40米，最大直径3.35米，起飞质量213吨，运载能力1500千克，具有一箭双星发射能力，已发射10次，全部成功。

长征二号E运载火箭

长征二号F。在长征二号E捆绑式火箭基础上研制的载人运载火箭，增加了逃逸救生系统、故障检测处理系统和全冗余控制系统。火箭全长58.34米，整流罩直径3.8米，起飞质量479.8吨，可把8吨重的有效载荷送入近地点200千米、远地点

长征二号F运载火箭

长征三号甲运载火箭

长三号乙火箭起飞

350千米、倾角42.4度至42.7度的近地轨道，用于发射飞船和目标飞行器。已发射11次，均获成功。

（3）长征三号系列运载火箭。共有4个型号，火箭第三级采用液氢液氧发动机，通常用于在西昌卫星发射中心发射地球同步转移轨道航天器。

长征三号。火箭全长44.8米，起飞质量204.8吨，起飞推力2961千牛，可将1.5吨重的卫星送入36000千米高的地球同步转移轨道。共发射13次，成功10次，现已退役。

长征三号甲。火箭全长52.52米，起飞质量240吨，起飞推力2961千牛，地球同步转移轨道运载能力2.6吨，具有多种轨道、一箭多星发射的能力。已发射23次，均获成功。

长征三号乙。在长征三号甲火箭基础上，捆绑4个液体火箭助推器。火箭全长54.86米，整流罩直径4米，起飞质量426吨，起飞推力5923千牛，其地球同步转移轨道运载能力达到5.2吨。它是目前中国推力最大的运载火箭，通常用于发射国内外重型静止轨道通信卫星。已发射25次，仅1次首飞失败。

长征三号丙。在长征三号甲火箭的基础上，捆绑2个液体火箭助推器，其地球同步转移轨道运载能力为3.8吨。已发射10次，均获成功。

（4）长征四号系列运载火箭。共有3个型号，主要用于在太原卫星发射中心发射太阳同步轨道航天器。

长征四号甲。以长征三号火箭一、二级为基础，新研制第三级常规燃料发动机组成。火箭全长41.9米，起飞质量248.9吨，起飞推力

3942千牛，能把1.5吨的有效载荷送上900千米高的太阳同步轨道，也可将3.8吨重的有效载荷送入高400千米、倾角70度的近地轨道。仅成功发射2次，现已退役。

长征四号乙。火箭全长44.1米，起飞质量248.5吨，起飞推力2971千牛，其太阳同步轨道运载能力为2.2吨，还具有一箭多星的发射能力。已发射21次，20次成功。

长征四号丙。火箭全长47.97米，其太阳同步轨道运载能力为2.8吨。已发射12次，全部成功。

（5）长征五号系列运载火箭。中国正在研制新一代无毒、无污染、高性能、低成本的运载火箭。它采用"一个系列、两种发动机、三个模块"的组合方

长征四号甲火箭

案，一个系列就是运用不同模块组合，构成14个型号；两种发动机就是一种50吨级推力的液氢液氧发动机和一种120吨级推力的液氧煤油发动机；三个模块就是一个使用液氢液氧推进剂的5米直径模块、一个使用液氧煤油推进剂的3.35米直径模块、一个使用液氧煤油推进剂的2.25米直径模块。这将使新一代运载火箭近地轨道运载能力从10吨提升到25吨，地球同步转移轨道运载能力从6吨提升到14吨。

长征五号基本型运载火箭全长60.5米，芯级直径5米，起飞质量675吨，起飞推力8220千牛，地球同步转移轨道运载能力为10吨。新一代运载火箭在天津塘沽新建基地生产，并在海南文昌建设新发射场，预计2015年将进行首次飞行。

世界第一颗人造地球卫星

3 人造卫星及其应用

　　人类发射最早、最多的航天器是人造地球卫星。1957年10月4日，苏联用卫星号运载火箭把世界上第一颗人造地球卫星伴侣1号（斯普特尼克1号）送上太空遨游，宣告人类航天时代的到来。从第一颗人造卫星问世到2013年的56年时间里，已经发射了6500多颗人造地球卫星。

　　人造地球卫星到太空遨游，在空间进行科学探测和研究，以及在对地观测、通信广播、气象预报、导航定位、资源勘查、环境监测、军事应用等方面发挥着重要作用。它已深入到人类生产和生活的各个领域，成为现代社会发展必不可少的有机组成部分。

中国第一颗人造
地球卫星

人造卫星的飞行原理

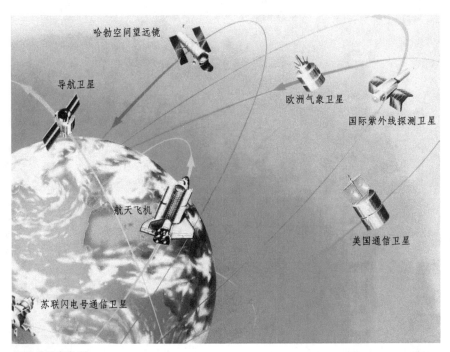

哈勃空间望远镜

导航卫星

欧洲气象卫星

国际紫外线探测卫星

航天飞机

美国通信卫星

苏联闪电号通信卫星

卫星的运行轨道

　　科学家把围绕地球运行的无人航天器称为人造地球卫星，简称人造卫星或卫星。通常是用运载火箭发射进入地球轨道运行，它不像飞机那样可以在空中改变航线和方向，而是只能在同一轨道上环绕地球飞行，而且入轨后就无需任何动力，直到轨道降低坠入大气层烧毁。

人造卫星的飞行原理

　　人造卫星能绕地球飞行，是因为运载火箭推动使它达到了第一宇宙速度。人造卫星用运载火箭送入轨道后，不再需要动力，依靠惯性继续绕地球飞行。在作圆周运动时所产生的离心力与地球对它的引力相等时，它就会环绕地球飞行。如果火箭给它的速度过大，人造卫星的离心力大于地球的引力，它就会进入一条椭圆轨道绕地球飞行；如果速度达到第二宇宙速度，它就会飞离地球；如果火箭给卫星的速度不够，它的离心力小于地球对它的引力，卫星就会掉下来，进入大气层烧毁。

科罗廖夫

科罗廖夫 航天技术的奠基者

科罗廖夫，苏联科学院院士、火箭和航天系统总设计师，航天技术的奠基者和开创者。1907年1月12日出生在乌克兰的瑞特米尔。1924年进入基辅工业学院，1926年转到莫斯科包曼高等工业学校。1931年组建喷气推进研究小组。1946年担任第一枚液体弹道式导弹总设计师，主持制订苏联火箭技术发展规划。1947年10月领导研制的第一枚弹道式导弹首次发射成功。1957年8月组织研制发射成功第一枚洲际导弹，同年10月4日经改装的两级运载火箭把世界上第一颗人造卫星发射上天，开辟了航天新纪元。接着，他组织研制月球、火星探测器和载人航天工程，为实现人类进入太空飞行做出重大贡献。在科罗廖夫领导下，还解决了航天器空间对接技术问题，为载人进入空间站长期活动开辟了道路。科罗廖夫于1966年1月14日病逝。

布劳恩 航天技术的开拓者

布劳恩，美籍德国火箭专家，德国V-2导弹和美国阿波罗登月计划的开创者。1912年3月23日生于德国威尔锡茨。1932年毕业于柏林工学院，并受聘于德国陆军军械部从事火箭研究。1934年获物理学博士学位，同年研制A-2火箭并发射成功。1937年担任佩内明德研究中心技术部主任，领导设计V-2导弹，1942年10月3日首次发射成功。第二次世界大战后被俘到美国陆军装备设计局，1950年转到红石兵工厂研制弹道火箭。1958年1月31日，由他主持设计研制的丘诺1号（丘比特C）火箭成功地发射了美国第一颗人造卫星。1958年10月成为美国国家航空航天局领导成员，1960年至1970年担任马歇尔航天中心主任。1961年后主持实施阿波罗载人登月计划，领导设计土星系列火箭。1969年7月，由他组织设计研制的土星5号运载火箭把航天员送上月球，实现航天技术上的一大飞跃。1976年担任美国国家航空航天局副局长，主管计划和技术工作，对推动美国航天技术的发展发挥了重要作用。布劳恩于1977年6月16日病逝。

布劳恩研究V-1飞航式火箭

人造卫星的轨道

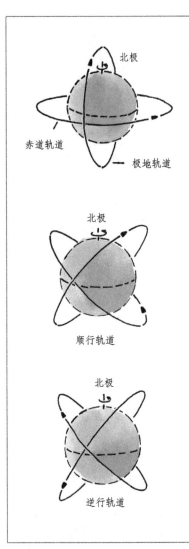

卫星轨道示意图

你知道人造卫星为什么能
围绕地球飞行吗？

　　人造卫星的轨道，就是指卫星飞行的轨迹。
人造卫星的运行轨道十分复杂，按形状划分，有
圆轨道和椭圆轨道；按与地球的距离划分，有低
轨道（一般在500千米以下）、中轨道（一般在
500～2000千米）和高轨道（一般在2000千米以
上）；按卫星飞行的方向划分，有与地球自转方
向相同的顺行轨道，与地球自转方向相反的逆行
轨道，在地球赤道上空绕地球飞行的赤道轨道，
以及通过地球南北两极的极地轨道。此外，还有
一些具有特殊意义称谓的轨道，如近地轨道、地
球同步轨道、地球静止轨道、太阳同步轨道等。

　　近地轨道，是指地球低轨道，有圆轨道和椭
圆轨道。如果卫星入轨速度正好是第一宇宙速
度，而且入轨速度方向与当地水平线平行，就能
形成圆轨道。如果卫星的入轨速度大小和方向
中，只有一个满足，就形成椭圆轨道。如果达不
到一定速度或偏离入轨方向，则不能形成轨道而
进入大气层中烧毁。

　　地球同步轨道，是指卫星运行周期等于地球
自转一周（即23小时56分4秒）的顺行轨道。

　　地球静止轨道，是指卫星轨道倾角等于零度的
圆形地球同步轨道。这条轨道位于赤道平面上空，
仅有一条。卫星在这条轨道上相对于地球是静止
的，距地面高度为35786千米，运行速度为3.0746
千米/秒。一颗在静止轨道上的卫星能覆盖地球表
面约40%的面积，只要有3颗这样的卫星等距部署
在这条轨道上，就可以实现全球覆盖。

　　太阳同步轨道，是指卫星轨道平面绕地球自
转轴进动的方向与地球绕太阳公转的方向相同，

且进动角速度等于地球公转平均角速度的轨道。卫星沿此轨道运行，每天从南到北经过同一纬度的当地时间相同，然后从北向南经过同一纬度的当地时间也相同，即与地面的光照条件大致相同。太阳同步轨道的倾角必定大于90°，是一条逆行轨道。因圆形轨道倾角最大为180°，所以圆形太阳同步轨道的高度不超过6000千米。

人造卫星的结构组成

人造卫星的结构组成分为两大部分：一部分是有效载荷，即指完成特定任务的专用设备，如通信卫星的无线电接收和转发设备、遥感卫星的遥感成像设备、天文卫星的科学探测仪器等；另一部分是基本结构，即为保证人造卫星完成各自特有使命所共同具有的支持系统。

人造卫星的基本结构包括：结构系统，热控制系统，姿态控制系统，电源系统，无线电遥测、遥控和跟踪系统。

此外，返回式卫星上还有回收系统，有的卫星上还有实施变轨的动力系统等。

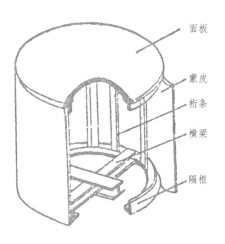

面板

蒙皮

桁条

横梁

隔框

卫星结构系统

实践活动

假如有卫星设计师来我校参加航天科技活动，学校记者团让你去采访，你将准备哪些问题？并请精心制作一份能代表同学、学校表达对科学家敬意的小礼物。

孙家栋 运载火箭与空间技术专家

　　孙家栋，中国科学院院士，"两弹一星功勋奖章"和国家最高科学技术奖获得者。1929年出生于辽宁省盖县。1951年被派往苏联茹科夫斯基空军工程学院学习飞机发动机专业，毕业时以优异成绩获金质奖章。1958年回国进入国防部五院一分院，参加地地火箭的研制工作。1968年被钱学森推荐到中国空间技术研究院，负责第一颗人造卫星东方红一号的总体设计，周恩来总理称他是"年轻的卫星专家"。我国第一颗人造卫星发射成功后，孙家栋作为技术总负责人，领导研制成功第二颗人造卫星、第一颗返回式卫星、第一颗地球静止轨道试验通信卫星。他又出任东方红三号通信卫星、风云二号气象卫星、中巴资源卫星和北斗导航定位卫星四大卫星工程和嫦娥一号月球探测工程总设计师，组织领导了这些卫星的研制发射工作。1988年率领代表团与美国谈判，签署了中国发射美国制造的通信卫星的协议，打开了中国运载火箭进入世界卫星发射市场的大门。

中国科学院
院士 孙家栋

中国工程院
院士戚发轫

戚发轫 通信卫星和神舟飞船总设计师

　　戚发轫，中国工程院院士。1933年出生于辽宁省复县。1952年考入清华大学航空系（后为北京航空学院）。1957年毕业分配到国防部五院一分院从事火箭技术研究工作。1968年调入中国空间技术研究院，成为东方红一号卫星的技术负责人之一，1970年参与组织第一颗人造卫星发射成功。1979年后，先后担任东方红二号、东方红二号甲、东方红三号通信卫星总设计师。1992年，戚发轫担任神舟号飞船总设计师，2003年实现了载人航天飞行。从参加中国第一枚火箭的研制，到第一艘载人飞船飞行成功，他把自己的智慧和全部精力献给了中国航天事业的壮大发展。

人造卫星的功能

　　人造卫星种类繁多，应用广泛，几乎是无处不用、无所不能，渗透到了现代化生产的许多部门和人民生活的各个领域，在经济建设和国防建设中都有重要的作用。

通信功能

　　人造卫星利用它距地球的高远位置优势，可以越过高山和大洋，通过无线电波把世界各个角落都联系在一起。例如，在距地面35786千米高的赤道上空等距部署3颗卫星，其发射的电波就可覆盖全球。通信类卫星，犹如设在太空中的无线电中转站。这类卫星包括通信卫星、广播卫星、导航卫星、救援卫星、跟踪与数据中继卫星、无线电侦察卫星等。

卫星通信系统

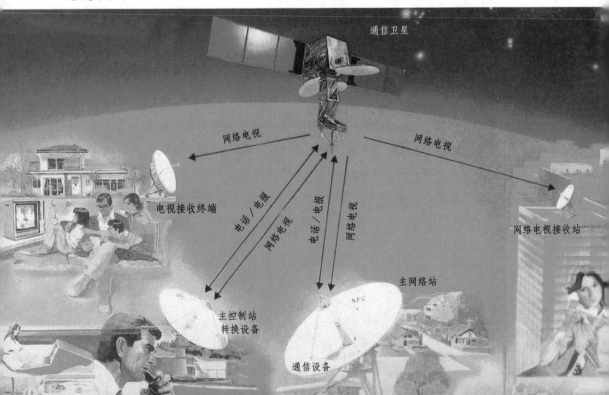

北斗导航卫星

小资料

　　美国于1960年4月13日发射世界上第一颗导航卫星子午仪1B号，到1964年建成子午仪导航卫星系统；1978年2月22日发射导航星全球定位系统第一颗星；1994年3月10日建成由24颗导航星组成的GPS（全球定位系统）导航卫星星座。1995年12月14日俄罗斯建成由24颗导航卫星组成的格罗拉斯全球导航卫星系统。中国于2000年10月31日、2000年12月21日和2003年5月25日发射3颗北斗一号导航卫星，组成世界上第一个区域性试验卫星导航系统；2007年2月3日和4月14日又发射成功两颗北斗导航卫星；2002年10月建成由16颗北斗导航卫星组成的区域卫星导航系统；中国卫星导航系统研制达到世界先进水平。

遥感功能

人造卫星利用遥感设备对地球进行观察和探测，形成一类遥感卫星。遥感类卫星包括气象卫星、地球资源卫星、环境监测卫星、测地卫星、海洋卫星、照相侦察卫星、导弹和核爆炸探测卫星等。

卫星遥感的地球表面温度图像

风云一号气象卫星拍摄的台风云图

小资料

1960年4月1日，美国发射了世界上第一颗气象卫星泰罗斯1号。1988年9月7日，中国发射第一颗太阳同步轨道气象卫星风云一号；1997年6月12日，中国又成功发射第一颗地球静止轨道气象卫星风云二号。中国成为世界上第三个同时拥有太阳同步轨道气象卫星和地球静止轨道气象卫星的国家。

照明和发电功能

在地球静止轨道上配置一颗由直径达几百米的十几个反射镜组成的卫星，反射镜面用镀铝涤纶薄膜材料制成，能百分之百反射太阳光，在夜间把太阳光反射到地面，为城市和乡间提供照明，其亮度可达满月的10倍。这种"人造小月亮"反射到地面上的光，带到地面的热量很少，照亮地面的面积也不大，不致破坏地球的生态平衡。

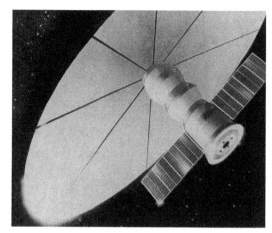

俄罗斯人造月亮

空间科学探测实验功能

人造卫星处在高位置、高真空、微重力和强辐射环境，创造了特有的科学探测和科学实验条件。由于太空没有重力，又没有大气的干扰，人造卫星上的太空望远镜灵敏度大大改善，能更准确地观测到星体的几何形状和位置，更有利于研究它们的演化过程。

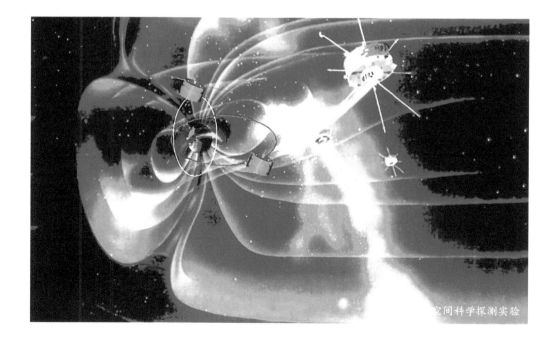

空间科学探测实验

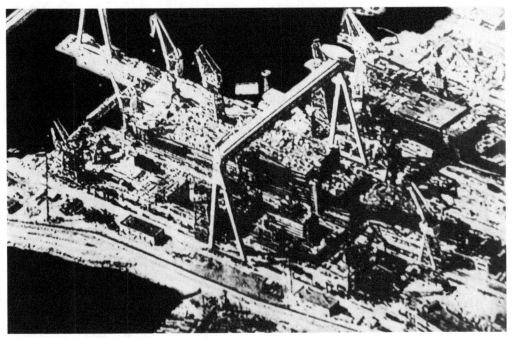

美国KH-11侦察卫星拍到的航空母舰的照片

军事应用功能

人造卫星利用它的通信和遥感功能，可富有成效地用于军事通信、侦察、导航、气象、测地、海洋监视和导弹预警，还可直接用作反卫星和反导弹的工具。

中国的人造卫星

人造卫星的发射成功，是中国航天事业发展的第一个里程碑。中国研制和发射的各类人造卫星，充分显示了航天科技的应用功能和发挥的效益，对促进国民经济和国防建设、推动经济发展和社会进步，提高生活水平和质量，发挥着重要作用。

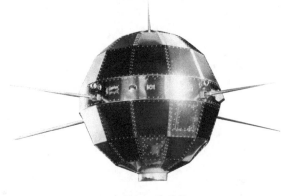

东方红一号卫星

1970年4月24日，中国成功发射第一颗人造卫星东方红一号。截至2013年年底，中国用长征系列运载火箭发射的国产卫星已有近200颗，包括科学技术试验、返回式遥感、通信、气象、资源、导航、海洋、环境监测等系列卫星，同时还为国外发射了45颗卫星。中国的卫星在国土普查、通信广播、气象预报、地质勘查、环境监测、铁路选线、农林开发、海洋作业、城市规划、测量定位、太空育种、减灾防灾等国民经济和文化教育诸多领域，取得了显著效益。

科学技术试验卫星

中国仅以"实践"命名的科学技术试验卫星就已发射20多颗，其主要任务是探测空间环境，开展有关的空间科学试验活动。

实践一号科学实验卫星

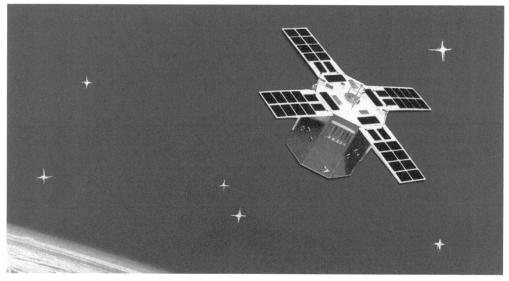

实践二号空间物理探测卫星

探究活动

人造卫星种类繁多，应用广泛，在通信、气象观测、导航、资源勘查、环境监测、防灾减灾、空间科学探测等诸多领域发挥作用。请同学们实地调查、查阅资料，了解人造卫星给我们日常生活带来了哪些影响？开动脑筋，畅想一下，未来人造卫星还可以有哪些作用？

你知道吗？

中国是世界上第五个独立研制发射地球静止轨道卫星的国家。
中国是世界上第三个掌握卫星回收技术的国家。
中国是世界上第三个同时拥有太阳同步轨道和地球静止轨道气象卫星的国家。
中国是世界上第四个发射地球资源卫星的国家。
中国是世界上第三个拥有卫星导航系统的国家。

返回式遥感卫星

已发射24颗，发射失败1颗，回收失败1颗。卫星由圆柱体、截圆锥体和球形头部组成，质量为3.4～3.9吨，工作寿命3～27天。卫星探测的成果，对于国土普查、地质调查、矿藏勘探、农林水利建设、环境监测保护及国防建设都有重要作用。

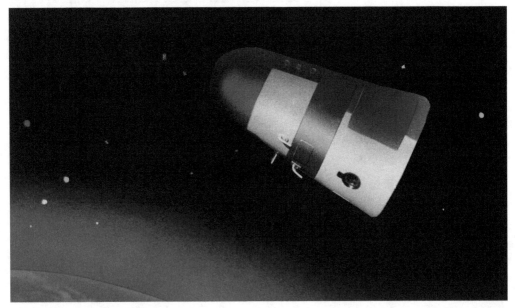

返回式科学探测与技术试验卫星

通信卫星

中国已发展三代东方红系列通信卫星平台，研制发射了20多颗通信广播卫星，为全球约58%的陆地面积、80%的人口提供电视转播、通信广播服务。从1984年起，中国发射成功东方红二号通信卫星、东方红二号甲通信卫星和东方红三号通信卫星。东

东方红二号甲通信卫星

方红三号通信卫星装有24个C波段转发器，可连续向全国同时传输6路彩色电视节目和15000路电话，工作寿命8年。中国还利用东方红三号卫星平台研制发射成功以中星、鑫诺命名的通信卫星，主要提供通信、广播和数据传输服务。2006年研制发射新一代大型静止轨道卫星公用平台的东方红四号通信卫星，携带38个C波段转发器、16个Ku波段转发器，有效载荷承载能力达595千克，设计寿命15年。此外，采用东方红三号卫星通用平台，研制发射成功了3颗天链一号数据中继卫星，为各类航天器提供数据中继的测控服务，极大地提高了各类卫星的应急能力和使用效率。

东方红三号通信卫星

风云一号气象卫星

气象卫星

中国已研制发射成功4颗风云一号和3颗风云三号极轨气象卫星、6颗风云二号地球静止轨道气象卫星。风云三号气象卫星尺寸大小为4.44米×1.0米×3.97米，质量2.3吨，在837千米高的太阳同步轨道上运行，在监测大范围自然灾害和生态环境，研究全球环境变化、气候变化规律和防灾减灾等方面发挥重要作用。第一代风云二号气象卫星呈圆柱体，质量1389千克，发射状态直径为2.1米、高为1.6米，每25分钟获取一幅地球全景圆盘图，获得的可见光、红外和水汽云图质量达到国外自旋静止气象卫星的先进水平。

风云二号气象卫星

资源一号卫星

资源卫星

中国已研制发射成功5颗资源一号和3颗资源二号卫星。资源一号卫星为2米×1.8米×2.25米的长方体，质量1540千克，运行在圆形太阳同步轨道上。资源二号卫星质量为2800千克，两台相机能覆盖地面59千米，分辨率达到5米。2004年11月资源二号卫星实现了三星组网，而且都超期服役。这些资源卫星在农业、林业、水利、海洋、环保、城市规划、灾害监测、矿藏探测等领域发挥着重要作用。2012年1月9日，中国又发射成功第一颗资源三号高分辨率光学传输型主体测绘卫星，其集测绘和资源勘查功能为一体，进一步提高了国土资源勘测和环境监测的水平。

导航卫星

中国已研制发射成功20颗导航卫星，前4颗北斗一号导航试验卫星是由3颗工作星和1颗备份星组成的世界上第一个区域性卫星导航系统。2012年10月25日第16颗北斗导航卫星发射成功后，组网建成了北斗区域卫星导航系统，正式向亚太部分地区提供精度在10米左右的导航定位服务。预计2020年建成由30颗北斗导航卫星组成的北斗全球导航定位系统，可提供覆盖全球的连续、稳定的导航、授时和短报文通信服务。

海洋卫星

中国已研制并发射成功2颗海洋一号和1颗海洋二号卫星，海洋一号为海洋水色卫星，具备了对海洋环境监测和保护、海洋资源开发与管理的能力。海洋二号为海洋动力卫星，具备了对海啸、巨浪等突发灾难的监测能力。中国还将发射海洋三号海洋监测卫星，建立起海洋水色、海洋动力和海洋监测的完备应用系统，提高海洋卫星业务化应用水平。这些海洋卫星在海洋生物资源开发利用、海洋污染监测与防治、海洋带资源开发和海洋科学研究等领域发挥重要作用。

环境监测卫星

中国已发射成功3颗环境与灾害监测卫星，并形成环境与灾害监测预报小卫星星

海洋一号卫星

座在轨组网运行，具备了可见光、红外、微波等多种探测手段，担负着国内多个区域的环境与灾害监测任务。

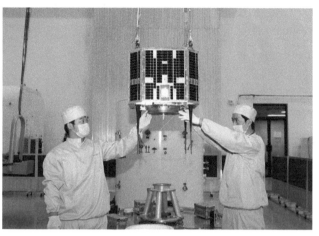

组装"希望一号"小卫星

现代小卫星

中国已连续发射成功20多颗现代小卫星，除海洋、环境小卫星外，还有遥感、探测、天绘、试验等小卫星。2009年12月还专门搭载发射了一颗希望号青少年科普小卫星。这颗小卫星重60千克，装载有北京小学生提供的"天圆地方"五色土实验设备，以及轻型宽视场彩色相机、无线电通信转发器和测光仪器，全国许多地区的青少年通过希望一号小卫星开展了一系列航天科普活动。我国已开发了CAST968

测试"希望一号"小卫星

和CAST2000两个小卫星公用平台，形成了每年研制生产10颗小卫星的能力，实现了现代小卫星系列化、模块化、通用化的发展。

今后，我国将着重实施高分辨率对地观测系统工程，包括研制发射新型极轨和静止轨道气象卫星、海洋卫星、资源卫星、环境与灾害监测卫星等，形成和完善全天候、全天时、多谱段、不同分辨率、稳定运行的对地观测体系，在卫星遥感应用领域形成突破性进展；研制发射高寿命、高可靠、大容量的地球静止轨道通信卫星和电视直播卫星，组成新一代卫星广播通信空间网，扩大通信广播卫星及其应用的产业规模；完善北斗导航卫星系统，实施北斗卫星导航系统计划，扩展卫星导航应用领域和市场，最终建立起天地协调配套的各类卫星应用系统。

人要进入太空，最关键的问题除了要有安全可靠的运载火箭，还要有保障生命安全的航天器。载人航天器必须建有生命保障系统。载人航天器包括宇宙飞船、空间站、航天飞机等。载人航天飞行，还涉及航天员的选拔和训练等问题。

4 载人航天器及太空飞行

航天员的选拔和训练

　　航天员是实现载人航天的必备条件。早期的航天员通常是从飞行员中选拔的，其中歼击机驾驶员最能接近航天员的素质要求。特别是在宇宙飞船单人飞行时，航天员要具有多方面的技能和专长，既是驾驶员，又是领航员、工程师、话务员，能担负起太空飞行的全部工作。后来的航天员是多人上天执行任务，便按其担负的任务细分为三类人员：第一类是担负载人航天器操纵和执行飞行计划任务的指令长和驾驶员；第二类是担负载人航天器轨道飞行时的维护修理和施放、回收、组装其他航天器的飞行任务专家；第三类是担负载人航天器上各类有效载荷实验和观测任务的有效载荷专家。此外，还有搭乘载人航天器到太空的观光者。

航天员的选拔

　　航天员选拔的一般要求是：有健壮的体魄，能耐受太空的各种恶劣环境；有良好的心理素质，能掌握复杂的操作技能和应对意外事件；有较高的文化程度，能接受航天科技知识，承担太空飞行使命；有不畏艰险、勇于献身的精神。

　　航天员要经过严格的体格检查和心理测试。

　　（1）体格检查。首先是临床医学检查，需住院全面体检，排除一切潜在的疾病，而且对配偶也要进行详细体检；其次是与航天有关的特殊生理功能检查，包括在离心机上经受8倍于体重的超重考验，在飞速旋转并不断变换方向的转椅上考核前庭功能，在低压舱中接受缺氧耐力检查和下体负压检查等。

　　（2）心理素质测试。在不同场景模拟情况下显示候选者掌握复杂操作技能和迅速发现、准确判断和从容处

从飞行员中选拔航天员（第二排右二为杨利伟）

中国训练航天员的必备设施——载人离心机

理意外情况的能力，接受心理专家精心设计的心理问卷考查。

航天员的选拔条件，随着科学技术的进步和航天任务的变化会有一些调整，放宽一些要求，如对身高、体重等就不如初期那样严苛了。

航天员的训练

航天员的训练内容，大体上分为基础知识和航天理论训练、体质与意志的体育训练、航天特殊技能训练等。航天特殊技能训练，主要是模拟航天飞行的真实环境和过程，使航天员熟练掌握操作技能，应对各种可能出现的情况。其中有飞机飞行训练，让航天员在飞机发动机点火和工作时经受噪声和振动，在加速和减速时经受超重，在抛物线飞行时经受失重，以增强前庭器官的稳定性，培养勇敢精神和应急能力；大型离心机上的超重耐力训练，使航天员能承受8个G以上的超重值；水下失重模拟训练，在大型水池中会产生类似失重或微重力环境的效果，以训练航天员在失重条件下的活动能力；飞行模拟器训练，让航天员在模拟的飞行环境中熟练掌握航天器的操纵技术，熟悉航天器的设备和飞行环境；各种应急训练，包括绝音室中单人孤独生活训练、多人太空合作能力训练、在模拟座舱中的耐低气压、低氧分、低温、负压和高温的能力训练，以及在各种情况下的安全脱险和着陆求援救生训练等。

中国航天员在水下失重模拟训练

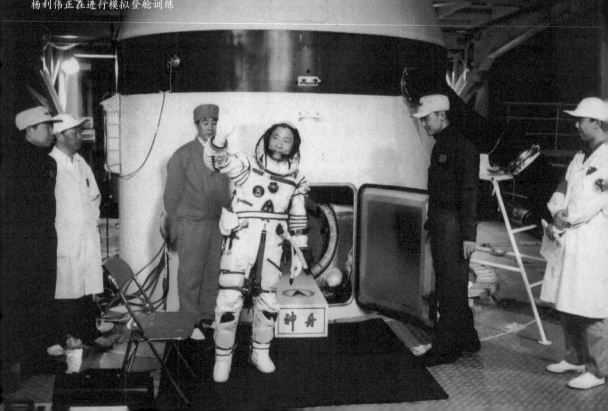

杨利伟正在进行模拟登舱训练

想一想 说一说

1.你知道成为航天员要具备哪些条件吗？
2.航天特殊技能训练主要包括哪些方面？

载人飞船和航天飞机

载人航天器家族中有三个成员：载人飞船、航天飞机和空间站。载人航天器与人造卫星等不载人航天器的主要区别是带有生命保障系统。

载人飞船

载人飞船是能保障航天员在外层空间生活和工作以执行航天任务并返回地面的航天器，又称宇宙飞船。载人飞船可以独立进行航天活动，也可用作往返于地面和空间站的"渡船"，还能与空间站或其他航天器对接后进行联合飞行。载人飞船容积较小，受到所载消耗性物资数量的限制，不具备再补给的能力，而且不能重复使用。迄今的载人飞船，有载人独自到近地轨道上飞行的飞船，有载人和载货到空间站接送航天员的飞船，有载人登月的飞船。载人飞船都有返回系统。

1961年苏联发射了第一艘东方号载人飞船，后来又发射了上升号和联盟号载人飞船。1961年4月12日，世界上第一艘载人飞船东方1号飞上太空。苏联航天员加加林乘飞船绕地球飞行108分钟后安全返回地面，成为世界上进入太空飞行的第

世界第一位航天员加加林

一人。

　　苏联／俄罗斯使用时间最长的载人飞船系列是"联盟号"，包括联盟、联盟T、联盟TM、联盟TMA和联盟TMA-M五种型号，能载3名航天员，具有轨道机动、交会和对接能力，是苏联/俄罗斯载人航天计划中重要的天地往返运输系统。

　　美国也相继发射了水星号、双子星座号、阿波罗号载人飞船。阿波罗号是登月载人飞船。

　　中国从1992年9月21日启动载人航天工程，开始研制神舟号载人航天系统。

　　神舟号飞船直接采用三舱一段结构，即由轨道舱（又称工作舱）、返回舱（又称座舱）、推进舱（又称服务舱、设备舱）和一个附加段组成，可载3名航天员。

神舟号飞船

航天飞机

　　航天飞机是一种往返于地球和近地轨道、运送航天员和有效载荷并可重复使用的航天器。

　　航天飞机以火箭发动机为动力，垂直发射，像卫星或飞船一样在轨道上运行，并像滑翔机一样在跑道上水平降落，具有火箭、卫星和飞机的技术特点。它的火箭技术特点表现在垂直起飞到入轨的上升飞行段；卫星技术特点表现在进入地球轨道的飞行段；飞机技术特点表现在再入大气层滑行飞行和水平着陆段。航天飞机可多次重复使用，除具有人造卫星、宇宙飞船和小型空间站的功能外，还可用来向近地轨道施放卫星，向高轨道发射空间探测器，在空间轨道上捕捉、维修和回收卫星，搭载太空实验室开展空间科学实验活动。

　　航天飞机的研制与飞行以美国为主，苏联仅有一架不载人飞行的暴风雪号航天飞机。美国一共研制了6架航天飞机，其中第一架创业号只用于地面试验，未作载人轨道飞行。其余5架航天飞机交替轮换载人，自1981年4月至 2011年7月共进行了135次飞行，其中哥伦比亚号28次、挑战者号10次、发现号39次、亚特兰蒂斯号33次、奋进号25次，共有814人次航天员乘航天飞机到太空飞行。

　　这5架航天飞机载人太空飞行，开展了大量、广泛的空间实验，包括施放、回收和修复100多颗卫星，发射伽利略号、麦哲

航天飞机发射升空

航天飞机施放卫星

伦号、尤利西斯号等大型空间探测器和哈勃空间望远镜、钱德拉X射线探测器、康普顿伽马射线探测器，进行卫星发电试验和太空修建作业，在太空制造高纯度、高质量的材料和药物，开展空间生物医学和生命科学实验，以及参加建设国际空间站的活动，硕果累累，成绩斐然。

2011年7月21日，"亚特兰蒂斯"号航天飞机在肯尼迪航天中心安全着陆。由于这是美国航天飞机的最后一次飞行，它的着陆意味着美国为期30年的航天飞机项目宣告完满谢幕。

航天员正在货舱内修理捕捉回来的卫星

链接：航天飞机的两次惨祸

1986年1月28日，成千上万名参观者聚集到肯尼迪航天中心，等待一睹挑战者号腾飞的壮观景象。上午11时38分，耸立在发射架上的挑战者号点火升空，直飞天穹，看台上一片欢腾。但航天飞机飞到73秒时，空中突然传来一声闷响，只见挑战者号顷刻之间爆裂成一团橘红色火球，碎片拖着火焰和白烟四散飘飞，坠落到大西洋。7名航天员壮志未酬献出了宝贵的生命。

挑战者号航天飞机升空时在空中爆炸

2003年，美国当地时间2月1日，载有7名航天员的美国哥伦比亚号航天飞机在结束了为期16天的太空飞行任务之后，返回地球，但在着陆前发生意外，航天飞机解体坠毁，7名航天员罹难。这两次事故都给航天飞机继续飞行蒙上一层阴影。

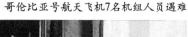

哥伦比亚号航天飞机7名机组人员遇难

空间站

空间站又称轨道站、航天站，是供多名航天员在太空轨道上长期巡访、工作和居住的航天器。

空间站由轨道舱、生活舱、服务舱、对接舱、气闸舱、专用设备舱、太阳能电池装置等部分组成。由于空间站有对接口，可与其他航天器一起连成更庞大、更复杂的组合空间站，又称轨道复合体。空间站的载人长期飞行，为开发、利用空间资源创造了更为有利的条件。

礼炮号和天空实验室空间站

苏联于1971年4月19日发射成功世界上第一座空间站礼炮1号空间站，到1982年4月19日发射成功礼炮7号空间站，一共发射7座礼炮号空间站。

礼炮号空间站由轨道舱、服务舱和对接舱组成。

礼炮7号空间站

美国天空实验室

和平号空间站　俄罗斯航天员波利亚科夫（下）在和平号空间站上进行医学实验

礼炮6号空间站于1977年9月24日升空，在太空运行5年，共接待16批33人次航天员到站上工作和生活，累计载人飞行676天。礼炮7号空间站于1982年4月19日升空，在太空运行7年，共接待11批28人次航天员到站上工作和生活，累计载人飞行超过800天。此外，美国于1973年5月发射过一座天空实验室空间站，曾分三次共载9名航天员在站上分别生活了28天、59天和84天。

和平号空间站

1986年2月20日，苏联发射成功第三代空间站和平号。和平号是一座采用多模块组合的大型空间站，自上天运行以来边用边建，从1987年3月13日到1996年4月26日，历经10年，和平号空间站组装才大功告成。

和平号空间站在太空运行达15年。从1986年3月15日联盟T-15号飞船把两名航天员送上和平开始第一次载人飞行，到2000年4月4日联盟TM-30号飞船将两名航天员送上和平号工作，共有30艘载人飞船、62艘货运飞船与和平号实现对接飞行，接待28个长期考察组的访问考察，78人次航天员到站上工作。同时，从1996年到1998年，和平号空间站还与美国航天飞机进行了9次载人联袂飞行。

2001年3月23日，和平号空间站成功地坠落于南太平洋预定海域，结束了它的使命。

国际空间站

1993年，美国与俄罗斯合作，并联合加拿大、日本、巴西和欧空局11个成员国共16个国家共同建造国际空间站，这是一项世界上最大的跨世纪航天工程。

1998年11月20日，俄罗斯开始兴建发射曙光号的多功能货舱，到2011年5月建成的国际空间站，其面积相当于两个足球场大小，工作和生活空间相当于两架波音747喷气式客机的客舱体积。总重391吨，长108米，宽88米，密封舱体容积916立方米，可供7名航天员长期居住生活。各舱段用中心桁架连接起来，站外安装有4副太阳能电池板。国际空间站在距地面352千米平均高度的轨道上运行。

国际空间站的建造分三个阶段：第一阶段为准备阶段，主要是进行9次美国航天飞机与俄罗斯和平号空间站对接飞行，运送美国航天员到和平号上工作，取得航天飞机与空间站交会对接及在空间站上

国际空间站上的首批居民在摄像

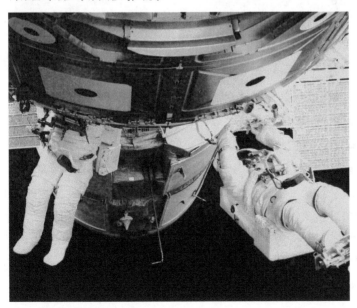

航天员出舱建造国际空间站

长期飞行的经验，训练航天员在空间站上进行装配作业的能力。第二阶段为初期装配阶段，主要是建立国际空间站的核心部分，使空间站拥有初始载人能力。第三阶段为最后装配与应用阶段，主要是完成国际空间站的装配，达到容纳6～7人长期在站上工作的能力。

　　2003年2月1日，哥伦比亚号航天飞机失事，国际空间站的建造受到影响。2011年5月，随着奋进号航天飞机将最后一个组件运送上天，国际空间站完成全部组装工作。1998年11月到2013年12月，共有38个长期考察组的101人次航天员到国际空间站上参加建站和各项空间实验活动。预计国际空间站至少飞行到2020年。

练习题

1.比较宇宙飞船、航天飞机、空间站等载人航天器各自的特色。
2.人类一直以来对未知空间做着种种猜想与探索，假如有一天，人类在太空建设栖身的家园，请查阅相关资料，加上你的科学想象，描绘你的太空之家。

航天员的太空活动

　　登上太空，扩大了人类的视野和活动领域。航天员利用太空的特殊环境和条件，可以进行大量的观测实验，以及诸多高难度的太空作业。开展这些太空活动，首先要为航天员营造工作和生活的良好环境。

太空饮食和睡眠

　　人在太空同样要吃饭、睡觉。如果是乘宇宙飞船或航天飞机的短期飞行，食物和水一次带足即可；如果是在空间站上长期飞行，则要派飞船或航天飞机定期补给；如果将来在太空基地长期生活，就要建设一个能提供空气、水和食物的密闭的生态系统。太空食物必须能够保证航天员的营养需求，同时也要考虑易于消化和吸收，便于在失重环境中食用，适合航天员的胃口，必须体积小、重量轻，便于运输和储藏，还要利于减少排泄物。在太空睡觉则主要考虑不因失重而飘动碰撞，一般都固定在睡袋中或舱壁、床板上，最好是设立专门卧室，戴上眼罩和隔音帽，以适应太空昼夜快

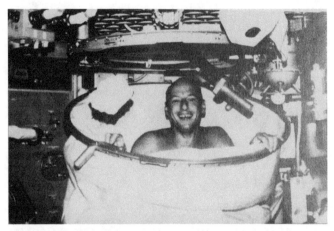

航天员在天空实验室空间站上洗澡

航天员钻进睡袋入睡

速交替变化和设备噪声的影响。

　　航天员在太空的个人卫生，是个十分难办的问题。航天员排泄，要避免尿液和粪便到处飘飞，最初是使用特制的尿袋和粪袋。在空间站上装有专用厕所和特制马桶，大小便分别吸入容器中，不致溅飞和污染环境。航天员洗澡，在短期飞行中采用湿毛巾擦身；在长期飞行中，可以几星期享受一次淋浴，但要用布筒罩起来，不让喷出的水飘飞，污水用水泵抽走，附在人身上的水珠要吸净，双脚固定，以免身体被水冲翻，带上呼吸罩，以免被水呛倒。在太空洗脸、刷牙、剃须和理发，都要避免水的飞溅、须渣和发渣的污染，通常用湿毛巾擦脸，用牙线剔牙或用毛巾擦牙，剃须和理发用吸须、吸发装置。这些都是由失重引起的特殊情况。

航天飞机上的脱水食物

航天员在太空饮可口可乐

中国复水太空食品（食用前复水）：冻干复水大虾

中国太空食品：叉烧肉
（分为一口一块的小块）

中国太空饮水包（内装软包装饮水）

航天员在做口腔检查

航天员踩自行车练功器锻炼身体

太空医疗和体育锻炼

航天员在太空失重环境下飞行，容易产生肌肉萎缩和骨质脱钙、前庭器官平衡功能失调，特别是易患航天运动病、疲劳症和辐射病。地面指挥控制中心的医生通过遥测系统，可以监测到航天员的生理心理健康状况，并指导其服用药物和进行心理排遣治疗。如果航天员病情无法控制和减轻，则需返回地面治疗。

航天员为保证在太空的工作能力、工作效率和返回地球后身体健康，最好的办法是参加体育锻炼。在空间站上长期飞行，每天都应进行三次体育锻炼，根据工作任务可调整锻炼次数和时间。最常用的锻炼方法有：踩自行车练功器、在微型跑道上跑步、拉弹簧拉力器等。由于坚持太空体育锻炼，许多航天员经过长期太空飞行返回地面后，不用搀扶就能自主站立走动，第二天就能散步，很快就适应了地球的重力环境，有的几个月后还能继续参加长期航天飞行。

太空行走和太空授课

太空行走是指航天员走出密封座舱，到空旷的太空活动。由于太空是高真空、强辐射和极端温度环境，还会遇到微流星体，所以必须穿着舱外活动航天服，才能保证生命安全。出舱之前，需吸纯氧排氮，以防止减压病。此外，在太空，四面空荡荡的，双脚无站立之地，必须靠太空机动装置来移动身体的位置。航天员在舱外活动，航天服外背上喷气背包，通过3个自由度6个方向上的喷嘴喷气，达到向任意方向运动的目的。由于在太空的真空环境中，没有空气传播声音，还必须靠舱外活动航天服背部的无线电通信装置来和空间站上的航天员取得联系，以便顺利完成太空行走的使命。

太空授课，是指在太空中进行科普教育活动，通过天地互动的形式展示一些奇特的物理现象。授课目的是让广大青少年朋友一起去感知、探索神奇而美妙的太空，获取知识和快乐。2013年6月20日，中国女航天员王亚平在中国首个目标飞行器天宫一号上为中小学生授课，成为中国首位太空教师。王亚平太空授课的内容主要是使中小学生了解微重力环境下物体运动的特点。

作业题

1.航天员在太空是如何生活的？请举例加以说明。
2.太空生活有诸多困难，聪明的你有什么好设想，可以为他们解决一些困难呢？

航天员到舱外进行太空作业

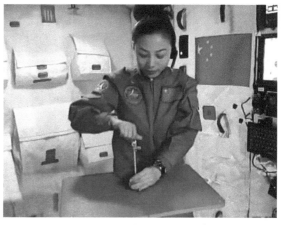

航天员王亚平在进行太空授课

王永志 载人航天工程总设计师

中国工程院院士
王永志

王永志，中国工程院院士。1932年出生于辽宁省昌图县。1952年考入清华大学航空系。1955年选派到苏联莫斯科航空学院飞机设计专业深造。1960年毕业后回国，分配到国防部五院一分院，先后担任总体设计部副主任、主任，研究院副院长、院长。从参加第一种近程火箭设计，到担任几种运载火箭总设计师。1991年后任航空航天部科技委副主任、运载火箭系列总设计师和载人航天工程总设计师。

1992年担任载人飞船工程论证组组长，主持提出载人航天工程方案，并被任命为工程总设计师，领导整个研制工作，最终取得了载人飞行成功，实现了中华民族的千年飞天梦想。王永志于2004年荣获国家最高科学技术奖，2005年被中央军委授予"载人航天功勋科学家"荣誉称号。

刘竹生 长征二号F运载火箭总设计师

中国科学院院士
刘竹生

刘竹生，中国科学院士。1939年出生于黑龙江省哈尔滨。1963年毕业于哈尔滨工业大学，分配到国防部第五研究院从事火箭设计工作。1994年任长征二号E捆绑式运载火箭副总设计师。1998年任长征二号F运载火箭总设计师，主持研制工作，用于发射神舟载人飞船的运载火箭的成功为中国突破载人航天技术作出了重要贡献。

中国的载人航天工程

载人航天，是中国航天事业发展的第二个里程碑。中国载人航天工程代号为921工程，是一个规模庞大、技术复杂、涉及学科广泛的系统工程。它包括运载火箭、载人飞船、航天员、空间应用、测控通信、发射场、着陆场和空间站八个系统。

中国从最初研制并发射4次神舟号无人试验飞船，到5次实现载人太空飞行，再到航天器不载人和载人的空间交会对接成功，突破了载人进入空间、出舱活动和交会对接技术，提升了载人航天的能力。中国成为世界上第三个独立掌握载人航天技术的国家。

神舟飞船四次试验飞行

从1999年11月到2002年12月，神舟飞船成功进行了4次不载人的试验飞行，考验了飞船总体设计方案、舱段分离等关键技术和环境生保系统。神舟一号飞船从酒泉载人航天发射场发射，进入轨道飞行21小时，绕地球14圈，在内蒙古四子王旗着陆场返回地面，完成载人航天工程的首次试验飞行。神舟二号飞船在太空飞行7天，技术状态与载人飞船基本一致，轨道舱在轨工作半年，着重考核了环境控制与生命保障、应急救生两个分系统的功能。神舟三号飞船装了太空"模拟人"，通过太空模拟人人体代谢、人体生理信号的形体状态等，考核了飞船上的医学监督、环境生保系统，以及逃逸与应急救生系统，完成了6天18小时的飞行任务。神舟四号飞船上天，进一步考验了飞船系统的可靠性、安全性和工作性能，全面考核了舱内环境

在太空飞行

航天员杨利伟出舱

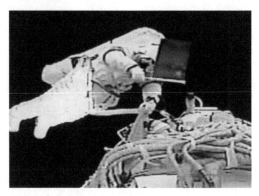

翟志刚太空行走

控制与生命保障系统,这是完全按照载人要求进行的一次演练飞行。

神舟飞船圆满完成载人飞行

2003年10月15日,神舟五号飞船载我国第一位航天员杨利伟升空,进入地球轨道飞行21小时23分钟,环绕地球14圈,航程60万千米,最后平安返回地面。神舟五号首次载人飞行的成功,开创了中国载人航天的新纪元,实现了中华民族的千年飞天梦想。

2005年10月12日,神舟六号飞船载2名航天员费俊龙和聂海胜发射升空,在太空飞行近5天,完成了第一次真正意义上有人参与空间实验的航天飞行。

神舟七号飞船实现太空行走

2008年9月25日发射神舟七号飞船,把翟志刚、刘伯明、景海鹏3名航天员送上太空飞行3天,翟志刚穿着"飞天"舱外航天服,首次出舱活动,手中舞动一面小尺寸的五星红旗,在太空行走19分钟35秒,这标志着中国成为世界上第三个掌握空间出舱关键技术的国家。

神舟飞船实现空间交会对接飞行

2011年9月29日,发射天宫一号目标飞行器进入轨道运行。11月1日,神舟八号无人飞船升空,并成功实现与天宫一号的交会对接飞行。

2012年6月16日,载有景海鹏、刘旺、刘洋(女)3名航天员的神舟九号飞船发射升空，完成与天宫一号目标飞行器的首次载人空间交会对接，全面突破了自动和手控交会对接技术。这次载人太空飞行历时13天，实现中国第一位女航天员刘洋上天飞行，首次载人空间交会对接任务取得圆满成功。

2013年6月11日，神舟十号飞船载聂海胜、张晓光、王亚平（女）3名航天员升空，再次执行与天宫一号的载人空间交会对接任务。神舟十号与天宫一号组合体在太空运行12天，不仅成功地进行了自动、

交会对接飞行

手动交会对接和绕飞交会试验，而且还首次开设太空课堂，开展了太空授课活动，完成了预定的空间科学实验工作，考核和验证了神舟十号与天宫一号组合体对航天员生活、工作和健康的保障能力。6月26日，神舟十号飞船在太空飞行15天后，安全返回地面，胜利结束了首次天地往返应用性飞行。这次飞行的圆满成功，标志着中国载人航天工程第二步第一阶段战略目标的全面完成，对巩固和完善空间交会对接技术、推动空间实验室和空间站建设具有重要意义。

中国载人空间站

神舟七号航天员出征

神舟九号航天员出征

建设空间站

中国载人航天工程分为三步目标：第一步研制载人飞船，实现载人航天飞行；第二步实现航天员出舱活动和空间交会对接，发射短期有人照料的空间实验室；第三步在轨建成空间站，实现有一定规模的、能长期住人的空间应用飞行。

中国的载人空间站已初步确定，由一个核心舱和两个实验舱组成，总重60吨左右。核心舱长20米，直径4米，质量20吨，包括节点舱、生活控制舱和资源舱，是航天员的主要活动场所；两个实验舱，是开展空间实验的场所。预计2020年左右，中国空间站将能够在太空遨游，中国的载人航天活动也将进入一个新的发展阶段。

链接：中国的空间实验室——天宫一号

2011年9月29日，天宫一号在酒泉卫星发射中心发射成功。天宫一号高10.4米、重8.5吨，分为实验舱和资源舱，能供3名航天员进舱工作和生活。天宫一号是中国首个目标飞行器和空间实验室。天宫一号的发射是中国航天"三步走"战略的第二步第二阶段任务（即掌握空间交会对接技术及建立空间实验室），同时也是中国空间站的起点，标志着中国已经拥有建立初步空间站即短期无人照料的空间站的能力。

练习题

1.从神舟一号到神舟十号，不是简单的数字叠加，而是中国载人航天发展成熟的标志。说一说神舟一号到神舟十号的十次升空各取得哪些成就？

2.请查阅相关资料，了解神舟十号发射飞行的全过程。

神舟十号航天员
出征仪式在酒泉
卫星发射中心圆
梦园广场举行

天宫一号空间实
验室

空间探测器的结构基本上与人造卫星相同，不同之处是它们携有探测仪器。空间探测器通常指对月球及月球以远的空间和天体进行探测的航天器。探测器可以在绕地球的轨道上，对行星、彗星、小行星、卫星、太阳以及恒星、星系等进行探测，这就是天文卫星或空间望远镜。空间探测器或绕目标星飞行探测，或降到目标天体上实地考察。

空间探测器从地球出发到被探测的天体，必须选择合理的飞行路线，以便节省时间和缩短路程。

探测器飞向目标，一般分为三个阶段：第一阶段是发射，即从地面起飞到进入行星际飞行轨道；第二阶段是自由飞行，即进入行星际飞行轨道后，在太阳引力作用下飞向目标天体；第三阶段是降落，即进入绕目标天体飞行或向目标天体降落。探测器要准确飞抵目标天体，必须通过天文导航或地面无线电制导来修正轨道和航线。由于探测器的飞行时间较长，一般采用太阳能电池提供充足电源，如果是探测木星以外的行星，则需配备核电源，还要采用高增益的抛物面天线定向波等办法，解决遥远距离的无线电波通信问题。

5

空间探测器及深空探测

探测器飞往土星

月球探测

月球是地球的天然卫星，是距地球最近的天体，平均相距约38万千米。1959年以来，全世界发射了130多个月球探测器，有60多个成功到达月球考察。

为什么要探测月球

人类把月球作为探测地外天体的第一个目标，不仅是因为月球距离地球最近，而且还在于可以利用月球上的资源和特殊位置为人类服务。

第一，月球上蕴藏着丰富的物质资源。包括60多种金属元素，特别是地球上稀有的氦-3（核聚变发电的理想燃料）估计有上百万吨。

第二，月球上可以建设产业基地。由于月球的优越条件，可就地取材生产水泥、陶瓷、玻璃和金属材料等。

第三，月球上是科学研究实验的理想场所。月球上月震和重力波很小，没有

月球采矿

大气影响，没有人造电波和光源干扰，最适于天文观测和物理实验。月球表面高度真空，没有尘埃杂质污染，制取材料的纯度高，进行生命科学实验十分安全。月球上没有遭到过人为破坏，没有大气和水流的侵蚀，是研究宇宙原始状态的好地方。

第四，月球是深空探测的前哨基地。月球的重力只有地球的1/6，深空探测器和火星飞船从月球上启航，可大大节省能源。月球上有丰富的氧和其他资源，可以为过往航天器提供充足的氧化剂和材料。

第五，月球探测可以牵引和推动科学技术的发展。在实施探月活动过程中，可牵动液体燃料、微波雷达、无线电制导、合成材料、电子计算机、生物工程等一大批工业技术的产生，促进人工智能、遥控作业等工业技术的问世，许多科技和工业领域将得到繁荣发展，其开发应用成果远远超过月球探测本身创造的效益。

飞向月球的轨道

月球探测器一般有两种探测方式：一是绕月飞行进行探测，二是在月球上着陆进行探测。

月球天文台

月球探测器飞向月球，为了节省能量，一般先进入绕地球飞行的停泊轨道，然后进入过渡轨道，接近月球后，或者绕月飞行，或者从绕月轨道下降到月球上。由于月球上没有可用作减速的大气，所以着陆月球的探测器可以直接在月面硬着陆，也可以用探测器上的火箭发动机减速，实现软着陆。

月球产业基地

世界各国的探月活动

人类留在月面的第一个脚印

1961年5月25日，美国宣布"要在10年内把美国人送上月球"，并批准实施"阿波罗登月计划"。1969年7月16日，世界上第一艘登月飞船阿波罗11号启程飞往月球。飞船上载有阿姆斯特朗、奥尔德林和科林斯3名航天员，经过75小时的长途跋涉，19日飞船进入月球引力范围，20日进入距月球4500千米的月球轨道，21日阿姆斯特朗和奥尔德林驾驶飞船登月舱，在月面静海一角平稳降落。阿姆斯特朗打开舱门和奥尔德林先后踏上人类梦寐以求的月球。他们在月面上安置了激光测距反射器、宇宙线探测器、太阳风收集器和月震仪，带回了月面岩石样品和照片。他们完成

人类留在月面的第一个脚印

航天员站在月球上

阿波罗11号的3位航天员（从左至右：科林斯、阿姆斯特朗、奥尔德林）

考察任务后，驾驶登月舱上升段返回环月轨道，与指令舱中的科林斯会合，踏上返回地球之路。美国在三年之内共有6艘航天飞船、12名航天员成功登上月球。美国阿波罗号载人登月飞行是航天发展史上一个新的里程碑。

世界各国探月的发展

20世纪50年代末开始，苏联、美国相继发射月球探测器，开展对月球的探测活动，取得初步成果。近年来，各国对月球的兴趣大增，纷纷将月球探测作为发展航天的重点，美国、欧洲、日本、印度都相继展开探月活动。

美国1998年发射"月球勘探者"，2009年发射"月球勘测轨道飞行器"和"月球环形山观测传感卫星"，2011年发射2颗"圣杯"号月球探测器，试图寻找月球上的水资源，揭开月表上存在水冰之谜。2005年9月，美国公布了重返月球计划，要在2020年前后将航天员送上月球，然后建立月球基地。

欧洲空间局1994年提出了建立月球基地计划。2003年9月27日，欧洲第一个月球探测器斯马特1号（Smart 1）发射升空，并于2004年11月15日到达月球轨道，传回2万多张月球

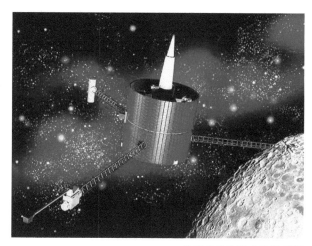

美国月球勘探者号探测器

欧洲斯马特1号月球探测器进入月球轨道

表面图像，绘制了月球表面地形地貌图和矿物分布图，采集了月球岩石的化学成分信息等。2006年9月3日，斯马特1号撞击月球，结束了探月使命。

日本于2007年9月14日发射月女神号月球探测器，10月5日进入绕月轨道，探测了月球的地形地貌、矿物岩石成分和内部结构等，并采集月壤样品带回地球。

印度2008年10月22日发射首个月球探测器月船1号，11月12日进入月球轨道，发回7万多张月球表面图像。2009年8月29日，月船1号因失去无线电联系提前结束探测任务。

中国的嫦娥工程

2004年，中国启动月球探测，命名为嫦娥工程。嫦娥工程的实施，是我国航天发展的第三个里程碑。

嫦娥工程设定"绕、落、回"三步走的发展目标。第一步是研制发射月球探测卫星，进行绕月飞行探测，初步建立月球探测航天工程系统；第二步是研制发射月球探测器，降落到月面进行探测和巡视勘查，建立月球探测航天工程基本体

嫦娥一号月球探测卫星

系；第三步是研制并发射可返回的月球探测器，实现采取月壤样品带回地球，为实现载人登月、在月球上建立基地奠定基础。

嫦娥一号月球探测卫星

嫦娥一号外形是一个2.0米×1.72米×2.2米的立方体，质量2350千克，运行寿命超过3年。

嫦娥一号于2007年10月24日在西昌卫星发射中心，用长征三号甲运载火箭发射升空，首先进入地球同步转移轨道，经过初始轨道、调相轨道、地月转移轨道几次轨道转移和调整，10月31日进入环月轨道，最后于11月7日调整到200千米高的极月轨道。11月25日，嫦娥一号传回的第一幅月面图像被公布。2008年7月1日，嫦娥一号完成获取全月球影像数据，并于10月24日实现在轨探测一年的任务。2009年3月1日，嫦娥一号受控撞击月球丰富海区域，结束其奔月探测使命。

嫦娥二号月球探测卫星

嫦娥二号于2010年10月1日用长征三号丙运载火箭发射，25分钟后就进入地月转移轨道，这使嫦娥二号奔月时间由嫦娥一号的12天减少到5天。10月6日，嫦娥二号经过3次近月制动后进入距月面100千米的圆轨道绕月运行。10月27日，嫦娥二号降低轨道在距月面15千米处拍摄到将来嫦娥三号在月球上着陆的月球虹湾地区的图像。11月8日，嫦娥二号传回地面的月球虹湾局部影像图被公布，这标志着嫦娥二号奔月之旅获得了圆满成功。

嫦娥二号拍摄的月球虹湾局部影像图

嫦娥三号月球探测器

2013年12月2日，嫦娥三号用长征三号乙运载火箭发射升空，12月14日在月球

玉兔号月球车

嫦娥三号探测器着陆月球

虹湾以东地区软着陆成功。5分钟后，嫦娥三号就传回拍摄的月面第一张图像。嫦娥三号着陆器和玉兔号巡视器在月球上互拍和合影，玉兔号在月面进行了巡视勘察，第二步任务取得圆满成功。

2017年前后，将发射可以返回地面的月球探测器，实现采集月壤样品带回地球，实现自月球勘察后返回地球的第三步任务。

2020年以后才有可能开始实施载人登月，推动深空探测活动，在月球上建设地外家园。

实践活动

1.观看嫦娥一号月球探测卫星发射全过程，并模拟现场解说。
2.有人说，"阿波罗登月"是弥天大谎，并罗列了许多证据。请查阅相关资料，在班级里组织一次讨论会，谈谈你的看法。

太阳系天体探测

火星探测

　　火星是地球的近邻，其体积和质量分别是地球的15%和11%，自转周期为24小时37分26秒，公转周期为687天，有稀薄大气，大气成分主要是二氧化碳，还有氮、少量的氧和水分，有四季交替的气候变化。火星的环境和特征与地球相似，但非常干燥，温度低、气压低，水和二氧化碳易冻结，昼夜温差大，高级生命无法生存。许多科学家认为，火星上曾经有过大量的液态水。经过探测表明，火星上存在水冰。火星生命之谜一直是科学家探测的重点，同时火星也是太阳系中最适宜人类开发建设的星球。

　　1960年至2011年年底，各国共计发射40多个火星探测器，任务成功率约为46%。世界上已发射的火星探测器，可以分为飞越、轨道器、登陆器和漫游者等类型。火星探测已经从无人探测进展到机器人探测阶段，跨出了"越、绕、落"三大步。美国发射了水手号、海盗号、火星全球勘测者、奥德赛号、凤凰号等火星探测器到火星轨道上或在火星上着陆进行探测考察，以及索杰纳号、勇气号和机遇号、好奇号、火星漫游车到火星上巡视考察，主要为寻找火星上有无水和生命的迹象。

　　苏联／俄罗斯从1962年到1974年发射过7个火星探测器，1988年7月发射2个福波斯号火卫—探测器，对火星进行探测考察。1996年11月发射火星96号、2011年11月发射福波斯—土壤号火星探测器，均未成功。

　　2003年6月2日，欧洲第一个火星探测器火星快车发射升空，12月25日进入环火星轨道。火星快车上携带一个猎兔犬2号着陆器，但在向火星着陆时发生故障，未完成探测任务。

　　中国研制的萤火

机遇号火星车

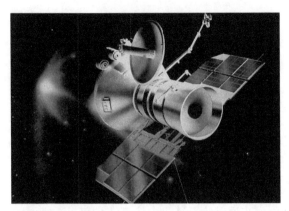

维加号探测器

麦哲伦号金星探测器

一号火星探测器，在2011年11月由俄罗斯的天顶号运载火箭发射时发生故障，没有完成飞往火星探测的使命。

金星探测

1961年2月12日，苏联发射金星1号成功，在相距9.6万千米处飞过金星进行探测。到1983年6月，苏联一共发射了16个金星号探测器，其中有的在金星表面着陆，采集金星表面的物质，有的成为金星的卫星，对金星表面和大气层进行了探测。1984年12月12日和15日发射的两个维加号探测器，向金星释放了充氦气球和着陆舱，并钻探和分析了金星土壤。

1962年8月27日，美国发射水手2号，它是第一个成功探测金星的探测器。1978年5月20日和8月8日发射两个先驱者—金星号探测器，一个成为金星的卫星，一个带4个着陆舱登上金星，测绘了93%的金星表面地形。1989年5月4日，美国亚特兰蒂斯号航天飞机携带麦哲伦号金星探测器到太空发射。麦哲伦号于1990年8月10日进入环绕金星的轨道，绘制了金星表面地形图，并于9月15日首次获得完整的金星地图。

2005年11月9日，欧空局发射金星快车探测器，其于2006年4月11日进入环金星的椭圆形轨道，进行为期486天的探测。

2010年5月21日，日本发射黎明号金星探测器，其于12月进入绕金星的轨道，对金星进行了探测考察。

木星探测

1972年3月2日和1973年4月5日，美国先后发射先驱者10号和先驱者11号探测器，前者在距木星13万千米处穿过木星云层，拍摄了世界上第一张木星照片，后者从木星左侧4.2万千米处飞越木星北极上空。1977年9月5日发射的旅行者1号和1977年8月20日发射的旅行者2号，首次探测到木星背阳面有3万千米长的极光，观测到厚30

伽利略号木星探
测器

万千米的木星环及大红斑，还发现了木卫十四、木卫十五、木卫十六3颗木星卫星。1989年10月18日，美国亚特兰蒂斯号航天飞机专门携带伽利略号木星探测器上天发射，这个木星探测器发回的照片清晰度比旅行者号的高20～100倍，首次探测到木星及其卫星的磁场，特别是发现木卫二的冰层下可能存在液态水。

2011年8月6日，美国发射朱诺号木星探测器，预计2016年7月进入木星轨道开展对木星的探测工作。

土星探测

美国的先驱者11号、旅行者1号和旅行者2号都飞近土星进行过探测。旅行者2号近距离探测，发现新的土星环和卫星，拍摄了几万张土星照片。1997年10月15日，美国和欧空局合作发射了卡西尼号土星探测器，2004年6月30日进入土星轨道，并释放惠更斯号子探测器到土卫六表面着陆，并进行实地考察。2006年7月24日，科学家称卡西尼号土星探测器在土卫六表面发现由液态甲烷和乙烷汇成的湖泊群，根据土卫六上喷发出冰粒和水蒸气的间歇泉推测，这颗卫星上可能孕育有生命。

卡西尼号土星探测器

信使号水星探测器

水星探测

1973年11月3日，美国发射水手10号探测器，三次到达水星附近，拍摄了1万张水星照片，覆盖了水星表面积的57%，绘制出了水星地形图。

2004年8月3日，美国发射第一个水星轨道探测器信使号，2011年3月到达水星，并成为第一个进入环水星轨道的探测器，拍摄了1500多张水星表面的照片，对水星进行实地探测，绘出了水星地形图。

天王星和海王星探测

1986年1月24日，旅行者2号探测器飞过天王星，进行了4个月的探测，发现天王星上有闪光现象，大气层里有云层和风，新发现11条光环和10颗卫星。1989年8月25日，旅行者2号探测器飞近海王星，向地球发回海王星及其卫星6000多张照片，新发现6颗卫星，发现海王星也有3条光环，大气中有大黑斑、风暴、烟雾和光辉；海卫一上有稀薄的大气，有冰火山爆发，表面可能有冰湖和液氮海洋。

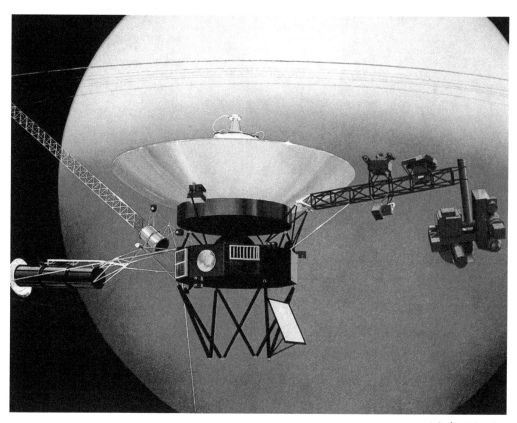

旅行者2号探测器

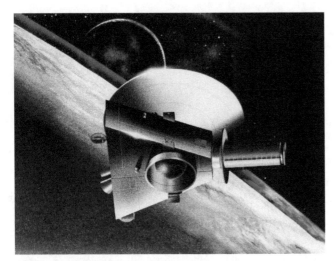

新视野号冥王星探测器

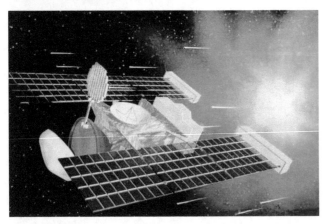

星尘号探测器

冥王星、彗星和小行星探测

2006年1月19日，美国发射新视野号探测器，预计于2015年7月到达冥王星进行近距离探测，还要探测冥卫一（卡戎）及两颗新发现的卫星，并对柯伊伯带进行5年的探测，并将探测数据传回地球。

1986年3月，苏联的维加1号和维加2号探测器、日本的先驱号探测器、欧空局的乔托号探测器对哈雷彗星进行了探测，拍摄了哈雷彗星的彗核照片，发现彗核由冰雪和尘埃粒子组成，并找到了简单的有机分子。1999年2月7日，美国发射的星尘号探测器于2004年飞抵怀尔德2号彗星进行探测，采集了彗星尘埃和气体样品。2004年2月26日，欧空局的萝塞塔号探测器升空，将于2014年飞近格拉西缅科彗星进行考察。2005年1月13日，美国发射深度撞击号彗星探测器，它飞近坦普尔1号彗星，拍摄了彗核照片，收集了有关数据。它的子探测器撞击者撞击坦普尔1号彗星获得成功。

1996年2月17日，美国发射尼尔号探测器，于2000年2月14日进入名叫爱神的小行星轨道进行了考察。1998年10月24日，美国发射的深空1号探测器在1999年7月飞近1992KD小行星进行了考察。美国在2001年1月和9月还先后飞过威尔逊·哈林顿彗星、博雷利彗星进行拍照和考察，获得了很多成果。2003年5月9日，日本发射隼鸟号小行星探测器，其于2005年10月飞到丝川小行星进行探测考察，2010年6月带上探测

实践活动

　1.说说地球资源与火星资源的异同点。

　2.以"我们的第二家园"为题，查找有关资料，说说你的构想。

成果返回地球。2007年9月26日，美国发射黎明号小行星探测器，其于2011年3月飞抵灶神星考察，2015年1月将飞临谷神星进行考察，预计2016年结束全部探测小行星的使命。

太阳探测

　1980年2月14日，美国发射太阳峰年探测卫星，在近地轨道上对太阳耀斑进行了观测。1990年10月6日，美国与欧空局合作发射尤里西斯号太阳探测器，先后飞临太阳南极区上空和北极区上空进行了探测。2001年8月，美国发射起源号太阳探测器，对太阳进行探测考察，2004年9月起源号返回舱返回地球。

尤里西斯号太阳探测器

哈勃空间望远镜

天文观测和地外文明探测

　　20世纪60年代后期，世界上出现了探测太阳系以外天体的空间天文探测器，通常是在围绕地球飞行的轨道上进行天文观测的天文卫星或空间望远镜。

　　1983年1月25日，由美国、英国和荷兰联合研制、美国发射的红外空间望远镜，装有62个红外线探测器。卫星轨道高900千米，用于探测未知的星体、星系、宇宙尘埃和气体云等。它在一个月内探测到4000多个红外源，相当于过去从地面上观测到的红外源的总和。

四大空间望远镜

哈勃空间望远镜

　　1990年4月24日，哈勃空间望远镜由发现号航天飞机载上太空。哈勃空间望远镜外形有如一辆公共汽车。它上天23年已发回60多万张天文照片，观察约2万多个天文目标，证实了黑洞的存在，观测到遥远的类星体，了解到一些星系的形成和演化，估算出宇宙的年龄约为80亿～120亿年。哈勃空间望远镜上天以来已经过5次维修，目前还在执行探测任务。

康普顿伽马射线空间望远镜

1991年4月5日，康普顿伽马射线空间望远镜由美国亚特兰蒂斯号航天飞机携带升空，装有4种观测仪器。在工作的9年中，已探测到2600起伽马射线的喷发，其中有30个至今人类一无所知的星体。这些探测成果将有助于解释银河系以至类星体、脉冲星、中子星的生成及演化过程，特别是解开黑洞之谜。2000年6月4日由于姿态定位陀螺仪损坏，康普顿伽马射线空间望远镜无法修复，实行了人工坠毁。

康普顿伽马射线空间望远镜

钱德拉X射线空间望远镜

1999年7月23日，美国钱德拉X射线空间望远镜升空，用于对星系、类星体和恒星的探测，寻找黑洞、调查星系中的暗物质。目前，它已发现宇宙中至少有7000个X射线源。钱德拉X射线空间望远镜所获得的高能X射线数据，可弥补哈勃空间望远镜和康普顿伽马射线空间望远镜在电磁光谱区域中的不足，加深人类对黑洞、碰撞星系和超新星遗迹的了解。

钱德拉X射线空间望远镜

红外空间望远镜

2003年8月25日，美国红外空间望远镜发射升空，专门用于红外观测，是目前孔径最大的红外望远镜。它能进行10万次观测，可探测到宇宙中的大部分电磁波谱，寻找褐矮星和超大行星，研究极亮的红外星系等，揭示早期宇宙的面貌。

红外空间望远镜

地外文明探测

许多科学家推测，浩瀚的宇宙中还会存在像地球人一样的智慧生物。随着航天科技的发展，人类已经研制出空间探测器去探测地外文明，试图寻找地外智慧生物的踪迹。

先驱者号携带的人类名片

1972年美国先后发射的先驱者10号和11号探测器，在周游了太阳系之后，先后于1989年和1990年越过冥王星轨道，各带着一张地球人的名片，飞向宇宙深处去寻觅外星人。它们携带的名片是一张镀金的铝质牌，上面的图案包括：辐射线最强的14颗脉冲星的方向，这反映地球人在银河系中的位置；脉冲星下方是用二进制数表示的太阳系的概况，行星间的曲线表示飞行器的飞行轨迹，它的出发点是第三颗行星地球；脉冲星上方是地球的第一元素氢的分子结构；脉冲星右边是先驱者号的简图和地球人的男女图像，男人招手，表示向外星人致意。2003年2月，先驱者号的信号中断，已无法知道它的命运。

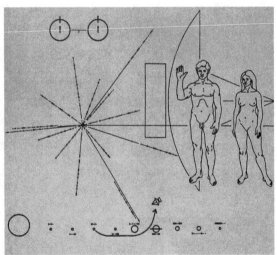

美国先驱者号携带的名片

美国先驱者号探测器

旅行者号上的特制唱片

1977年启程的旅行者1号和2号探测器，在漫游太阳系之后，1988年和1989年先后越过冥王星的轨道，飞向宇宙深处向外星人传递地球人的信息。它们携带了一张直径30.5厘米的镀金铜质唱片。在这张唱片上，一面录制有116幅照片，一面录制有美国总统和联合国秘书长的贺词、55种语言的问候语、27首世界古今乐曲和35种自然界声响。唱片上录制的照片，反映了太阳的方位、地球人的细胞组成、男女性别、家庭组成和风土人情，其中包括一张中国万里长城和一张中国家宴的照片。在问候语中有中国的普通话、广东语、厦门话和吴语，在古今乐曲中有中国古筝演奏的《高山流水》。唱片密封在一个铝盒内，可以保存10亿年。旅行者号探测器在2015年后将耗尽电源，人类将与它们失去联系，只有靠它们独自到浩瀚的宇宙中寻觅地外知音了。

地球之音特制唱片

"特制唱片"在旅行者号上的安放位置

特制唱片中的部分图片

2013年6月，美国科学家宣布，旅行者1号已在太空飞行185亿千米，正在太阳系的边缘遨游，将要飞出太阳系去探访外星人了。

2009年3月6日，美国发射开普勒号空间望远镜。这是世界上第一个专门用于搜索太阳系外类地行星的空间探测器。它的使命是在宇宙中寻找宜居的类地行星和生命存在的迹象。到2013年2月，开普勒号空间望远镜已发现700多颗系外类地行星，其中包括几颗宜居行星。但开普勒号空间望远镜的反应轮发生故障，可能失去探测能力，无法继续工作。

　　"学校有特色，教师有专长，学生有特点。"这已成为基础教育阶段学校办学追求的理想境界。我校在顺利完成第一个五年发展规划、实现跨越式发展的基础上，把着力点放在创建学校的办学特色上。2006年学校提出了创建全国航天科技活动特色学校的构想。

　　自创建活动启动以来，学校举办了以科学知识、科学方法、科学思想和科学精神为主要内容的系列教育活动，先后建成了我国第一个中学生太空育种科普实践基地、成立了我国首家航天类学校院士专家工作站，开展了"我与院士面对面"、"航天专家话航天"、制作航天火箭模型、观看卫星发射现场直播、学生航天主题夏令营等活动，既使学生在精神上受到熏陶感染，也使广大学生树立起远大的理想，点燃起学习的热情。

　　为了进一步落实航天科技教育，全面创新学校文化建设，校长室牵头成立了航天科技活动学校课程编写委员会。2008年，在航天专家的指导下，着手编写了《航天》一书，为航天科技知识进入我校学生视野奠定基础，帮助同学们适当了解高新科技知识，提升科学素养，初步培养开拓创新、刻苦钻研和团结协作的科学精神，拓展同学们的知识结构，培养同学们的实践意识。随着时间的迁移，世界航天科技发展有了巨大的变化，我国航天科技也取得了一系列伟大的成就。为使《航天》一书能及时反映这一变化，也为使教材在教学使用过程中凸显的一些问题能得到及时修正，2013年，航天科技活动学校课程编写委员会组织教师对《航天》一书进行了修订。

　　《航天（第二版）》充分考虑到初中学生的认知水平和接受能

力，对文字、图片作了较大的调整，内容上精心挑选、补充了当今航天科学技术的新发展、新动态。全书五章共二十三节，分为太空环境、航天工具、人造卫星、载人航天器和空间探测器。全书既有对高新航天科技装备的介绍，也有对航天科技最新成果的表述；既有对世界、中国航天发展的介绍，也有对在航天科技方面作出杰出贡献的国内外科学家简介……内容全面翔实，兼具趣味性、知识性，图文并茂有着极强的可读性，使同学们在愉悦、轻松的阅读中，得到航天科技知识的熏染，体味人类对航天孜孜不倦的探索精神。

在本书的编辑过程中，得到中国宇航协会的大力支持，中国科学院院士刘竹生先生亲自为本书作序，《太空探索》杂志社也为本书的的出版做了大量的工作，在此表示衷心的感谢和崇高的敬意。同时，本书的编辑还归功于校长室的大力组织和协调，蒋在夫、郑建胜、王孝德、洪万安、王微微、林毓芬等老师放弃了休息时间全力编写读本，三易其稿，才使该读本以全新的姿态与大家见面，在此一并表示感谢。